低倍检验在连铸生产中的应用和图谱

王志道　主编

北　京
冶金工业出版社
2010

内 容 提 要

连铸坯低倍检验方法是连铸生产中常用的一种质量检验方法，由于其试样制备不复杂，可直观地观察缺陷，因此得到广泛的应用。本书介绍了低倍检验技术在连铸生产中的应用，以200余幅图例直观地展示了连铸坯组织和缺陷。

本书可供连铸领域工程技术人员、质量检验人员、生产人员、教学人员、管理人员使用。

图书在版编目（CIP）数据

低倍检验在连铸生产中的应用和图谱 / 王志道主编. —北京：冶金工业出版社，2009.1（2010.5 重印）

ISBN 978-7-5024-4759-5

Ⅰ. 低…　Ⅱ. 王…　Ⅲ. 连铸坯—检验—图谱　Ⅳ. TG249.7-64

中国版本图书馆 CIP 数据核字（2008）第 189000 号

出 版 人　曹胜利

地　　址　北京北河沿大街嵩祝院北巷 39 号，邮编 100009

电　　话　(010)64027926　电子信箱　postmaster@cnmip.com.cn

责任编辑　葛志祺　刘小峰　美术编辑　李　新　版式设计　张　青

责任校对　卿文春　责任印制　牛晓波

ISBN 978-7-5024-4759-5

北京百善印刷厂印刷；冶金工业出版社发行；各地新华书店经销

2009 年 1 月第 1 版，2010 年 5 月第 2 次印刷

787mm×1092mm　1/16；8.25 印张；174 千字；120 页

70.00 元

冶金工业出版社发行部　电话：(010)64044283　传真：(010)64027893

冶金书店　地址：北京东四西大街 46 号(100711)　电话：(010)65289081

序　　言

近二十年来，我国连铸生产和连铸技术的进步，推动了整个钢铁行业的发展。连铸技术作为钢铁工业水平的标志之一，已经成为钢铁生产发展的主要技术动力。进入 21 世纪，中国以崭新的姿态面向世界，我国钢铁生产取得了举世瞩目的成就。连铸技术取得了非常大的进步。连铸新工艺、新技术、新材料、新品种不断出现。连铸技术已经成为冶金行业一颗璀璨的明珠，受到广泛的关注和青睐。连铸生产技术经济指标有了明显的改善，连铸的品种开发和铸坯质量也有了长足的进步，目前，一大批高水平的现代化炼钢—连铸生产企业顺利建成并投产，向市场越来越多地提供高质量的产品。我国的连铸生产能力和技术发展水平令国人感叹，令世界瞩目！

随着生产能力的提高和市场需求的丰富多彩，铸坯质量保证越发显示出其重要性。连铸坯质量检验是连铸生产质量保证的关键手段之一。多年来，连铸行业中一大批从事铸坯检验工作的技术人员做了大量艰苦细致的工作。对于连铸坯的质量包括铸坯纯净度、凝固组织、表面缺陷、内部缺陷及形状缺陷，很多质量检验人员在现场或实验室，多年摸索经验、探寻方法、搜集图片、分析研究，总结了很多好方法、好经验。同时大家感到，铸坯质量检验是质量把关的环节，质量检验技术也是学术研讨的重要课题。

中国金属学会连续铸钢分会从许多真诚关注质量检验工作、脚踏实地从事质量检验工作、认真积累了很多好经验并保存了很多珍贵图谱的质检工作人员那里得到了支持，并把很多珍贵的图谱结集出版。本图谱对铸坯的检验方法，特别是低倍检验方法进行了介绍。图谱还把大量的生产实践中发现的铸坯缺陷进行展示或分析，供连铸生产单位参考。

愿这本图谱把从事连铸坯质量检验工作的科技人员和从事质量研究的连铸科技人员联系起来，不断总结，共同探讨，把连铸坯质量检验工作做好。

2007 年 7 月

前　言

连铸坯检验是保证铸坯质量的重要环节。多年来，从事铸坯质量检验的技术人员做了大量艰苦细致的工作，摸索了多种铸坯检验的方法，收集了很多图谱，积累了丰富的经验和大量可贵的资料。大家的辛勤工作使连铸坯质量检验技术有了很大的发展。在市场需求丰富多彩的今天，提高检验技术水平以确保铸坯质量尤为重要。

中国金属学会连续铸钢分会根据连铸技术人员的要求，于2007年6月首次举办了连铸坯质量检验技术研讨会，会议主要交流了低倍检验技术。通过交流和讨论大家感到，低倍检验技术是连铸坯质量检验的重要手段，其方法简便又直观，受到连铸科技人员的重视。现在很多生产厂都采用低倍检验方法，有的厂还有自己的低倍检验标准。面对连铸技术的发展对检验水平要求越来越高，与会代表认真讨论了低倍检验技术，交流了检测方法，也讨论了如何经过分析判断得出检验结果，如何把检验结果结合铸机的工艺及设备参数来分析缺陷产生的原因等。会议代表感到，连铸坯低倍检验不仅是一个简单的质量检验方法，而且它已经成为一个很重要的技术课题。与会代表建议把低倍检验技术和有关图谱编辑成书，把多年来连铸质量检验工作者在工作中兢兢业业、精心积累的经验和方法等介绍给同行，也为连铸工艺和设备人员与质量检验人员的密切沟通、紧密结合搭起桥梁，从而进一步提高连铸坯质量检验水平，促进质量检验技术的发展。

本书中的文稿及图谱均从会议征文中选取，本书的编辑出版得到了广大质量检验工作者和连铸技术人员的大力支持，特向他们表示崇高的敬意和衷心的感谢。

本书的编辑出版是连续铸钢分会在铸坯检验交流方面的一个尝试，书中的缺点和不足之处敬请谅解和指正。

中国金属学会连续铸钢分会

2008年7月

目　录

1 低倍检验与连铸生产

1.1 低倍检验方法在连铸生产中的应用

低倍检验方法是对钢坯和钢材进行质量检验的一种重要方法，在钢铁生产中应用很多年，由于其检验方法简便，能够快速而直观判断钢坯和钢材内部存在的缺陷，因而得到广泛的应用。在模铸生产中低倍检验主要是针对轧制后的钢坯或钢材，在连铸生产中低倍检验是针对铸造状态下的连铸坯。我国质检部门已制定了较全面的连铸坯低倍检验标准，在判断连铸坯内在缺陷，提高连铸坯质量上起了重要作用。

低倍检验在连铸生产中应用主要有下列几个方面：

（1）判断连铸坯内部质量、缺陷的形态及确定连铸坯缺陷的程度。这是现在普遍应用着的方法，是因为低倍检验方法简单、快速准确，许多厂都用低倍检验法来确定铸坯内部各种缺陷，如裂纹、缩孔等。按照连铸坯低倍检验标准来确定各种缺陷等级，许多厂都根据这些缺陷等级决定连铸坯的使用范围及判废标准。

（2）低倍检验能快速提供连铸生产中工艺及设备等的重要信息。由于连铸生产是较为复杂的工序，其铸坯质量受多种因素影响，如连铸工艺、连铸设备、钢水性质等。对连铸坯质量问题的分析就是一个较复杂的问题，有时一个缺陷是多种因素造成的，有时同一个因素在不同条件下产生不同的缺陷，实际生产中铸坯出现缺陷是多种因素综合作用的结果，因此仅看低倍试样很难准确分析缺陷产生的原因。实际生产中往往根据低倍上缺陷的形态再结合这台连铸机的设备及工艺、钢水质量等各种信息进行综合分析，通过大量经验积累就能准确地分析出各种缺陷产生的原因。这里一方面通过低倍试样准确反映出缺陷形态，同时掌握连铸过程中各种缺陷产生的机理，为准确判定缺陷提供条件。

（3）低倍检验方法还有一个重要功能，采用特定的低倍检验方法可以很好地把连铸坯凝固后的结晶组织显露出来，这对研究连铸技术是很重要的。众所周知，连铸生产中铸坯传热、凝固和结晶过程都是按一定规律进行的，最终的结晶形态必然由影响这一规律的因素决定。不同的连铸坯组织对铸坯质量有不同的影响，例如，一般认为铸坯中心保持一定量的等轴晶可以减轻中心偏析，发达的柱状晶增加铸坯产生裂纹的倾向，因此我们希望在连铸过程中调节各工艺参数控制铸坯的结晶组织。不同类型的连铸机，由于其冷却条件不同，其铸坯组织存在一定的差异，研究这些组织对控制冷却条件是很有意义的。控制连铸坯组织及连铸坯组织对轧材质量影响是目前连铸技术发展的一个重要课题，应用低倍检验显露出铸坯组织则是此研究中重要的环节。

1.2 连铸坯低倍检验方法简述

连铸坯低倍检验方法有三种：硫印法、热酸洗法和冷酸洗法。硫印法和热酸洗法都有标准，这里仅就实际应用中的问题做一些讨论。

硫印法是把经过硫酸浸泡相纸贴在经加工的连铸坯表面上，由于钢中硫化物与相纸上的硫酸反应，生成硫化氢，硫化氢与相纸上溴化银作用生成硫化银沉淀，在相纸上相应位置形成黑色或褐色硫化银斑点。从相纸上黑色或褐色斑点的位置分布及集中程度就反映出连铸坯表面硫化物的分布和密集程度。硫是钢中较普遍存在、偏析倾向较严重、对绝大部分钢有危害的，因此，从硫化物的偏析情况可以判断钢的质量，严重硫化物偏析处往往伴生有裂纹。

硫印法操作较热酸法方便，因此应用较普遍，但是随着钢中硫含量降低，硫化物夹杂减少，硫印往往显现不出来，因此现在多用热酸蚀法和冷酸蚀法。

热酸蚀法是把加工好的试样放在稀盐酸中加热一段时间，由于稀盐酸对钢的裂纹周围的偏析物、夹杂、晶界和基体都有不同程度的腐蚀，因此，经热酸浸的表面显现出裂纹、偏析聚集区、夹杂以及晶界等。热酸蚀法已经使用多年，钢的质量检验标准都是按热酸蚀法制定的。但是在热酸蚀法中，由于加热温度和浸泡时间不易掌握，往往出现腐蚀不足或过度腐蚀，有时缺陷未充分显露，有时缺陷被人为扩大。

现在很多厂采用冷酸侵蚀方法，其效果与热酸蚀法相同，不需要酸洗槽和加热装置，侵蚀程度也较易掌握，下面介绍一些冷酸蚀的方法。表 1-1 是常见的冷酸蚀试验试剂配方及工作条件简介。

表 1-1 常用的冷酸蚀试验试剂配方及工作条件

序号	组 成	工 作 条 件	用 途
1	硝酸（1.49g/cm^3） 10mL 水 90mL	室温擦拭或浸入	显现碳素钢及低、中合金钢的低倍组织
2	过硫酸铵 10g 水 90mL	室温擦拭，试剂在新配成状态应用	显现焊缝结构
3	同试剂 1 同试剂 2	室温下用试剂 1 擦拭 10min；再用试剂 2 擦拭 10min	显现碳钢，低、中合金钢大锻件低倍组织、白点、裂纹等缺陷①
4	氯化铜 2.5g 氯化镁 10g 盐酸（1.19g/cm^3） 5mL 酒精 <250mL	用滴管将溶液滴在试样表面上，然后用热水冲洗。沉淀的铜可用氨水除去	显现磷偏析

续表 1-1

序号	组　成	工 作 条 件	用　途
5	（1）硝酸（$1.49g/cm^3$）　10mL 乙醇　90mL （2）氯化铁　40g 氯化铜　3g 盐酸（$1.19g/cm^3$）40mL 水　500mL	先用试剂（1）再用试剂（2）擦拭试样表面	显现杂质偏析
6	氯化铜　90g 盐酸（$1.19g/cm^3$）　120mL 水　100mL	试样加热至 200～250℃，保温 5～30min，然后以溶液擦拭。用酒精或 50%盐酸水溶液冲洗。	显现冷加工造成的变形线
7	硫酸铜　180g 盐酸（$1.19g/cm^3$）　900mL 硫酸（$1.84g/cm^3$）　60mL	室温擦拭 5～7min 后以清水冲洗②	显现不锈钢 1Cr13、2Cr13、Cr11MoV 等低倍组织及缺陷

① 酸洗后进行一次检查，停留 12～24h 后再检查一次。

② 此溶液作用强烈，并发出刺激性气体，试验时应注意安全防护。

做低倍组织试样需要腐蚀能清楚地看清晶界，因此对试样的表面粗糙度要求较高，特别是需要拍出清晰的照片时，表面加工需达 R_a 值为 1.25μm。虽然热酸和冷酸腐蚀都能看到连铸坯组织状况，但现在大都采用冷酸蚀法腐蚀，因为腐蚀程度较易控制。

2 连铸坯的内裂

连铸坯内裂是连铸生产中较普遍的一种缺陷，它对铸坯质量影响很严重，许多铸坯因存在内裂而成废品，因此，连铸坯内裂缺陷一直受到各方面的重视，也有大量有关这方面的研究文章。造成铸坯内裂的原因较为肯定的观点综述如下：

（1）内裂产生必须有应力、应变存在。在连铸生产过程中主要有热应力和机械应力。热应力如铸坯受冷却收缩产生热应力，铸坯在凝固过程中发生相变，存在相变应力。铸坯相邻两部分冷却速度不同，有的部分甚至出现温度回升并产生膨胀现象，造成两部分之间产生温差应力；机械应力有支撑辊位错产生的应力，两辊之间铸坯产生鼓肚造成的应力，铸坯矫直过程中产生的应力等及偶然因素造成的外来应力。

（2）内裂产生另一个条件是应力应变超过了钢的极限强度，应变率超过允许值。在连铸坯生产过程中热坯有两个低塑性温度区，在此温度范围内钢的塑性大大降低，当存在应力应变时极易造成裂纹。

钢在高温下塑性随温度变化见图 2-1 和图 2-2。

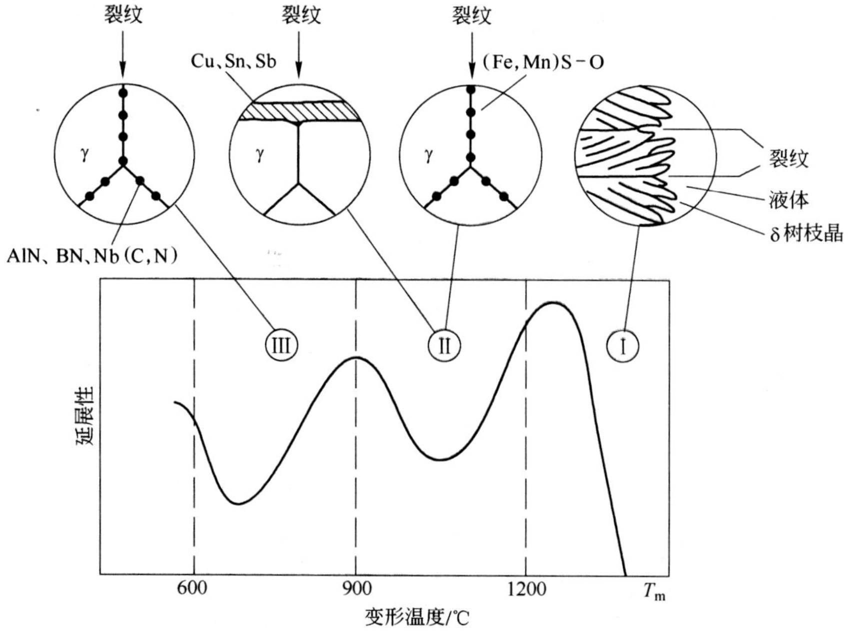

图 2-1　高温脆裂区域与结晶结构的关系示意图

图 2-1 是一个示意图，钢在一定的温度区间存在几个低塑性的区域，连铸生产过程变形速率较低，存在两个低塑性区。如图 2-2 的实测曲线所示，一个是在钢水凝固

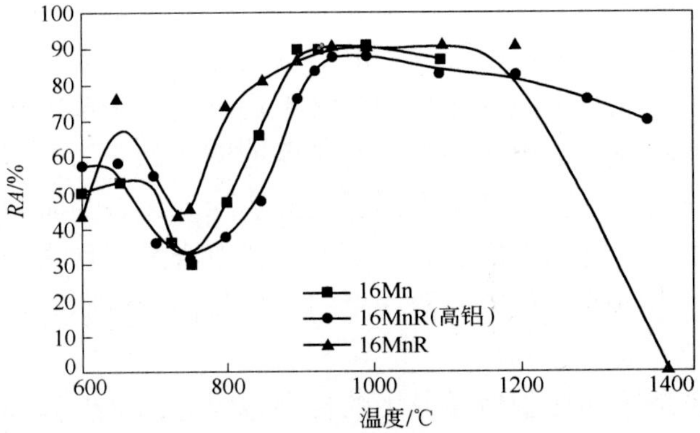

图 2-2　16Mn 系列脆性曲线

率 50%以上的凝固区，如图中 1400℃，钢几乎是没有塑性。再一个是 700～900℃，氮化物在晶间析出，使塑性有所降低。当钢的塑性较低时，它受到应力作用就极易产生裂纹。

连铸坯内裂产生的位置与生产工艺条件存在有一些内在联系。下面介绍皮下裂纹、中间裂纹、角部裂纹、三角区裂纹等内裂。

2.1　皮下裂纹

皮下裂纹是指连铸坯表皮下几毫米到十几毫米处出现的裂纹。图 2-3 是一个典型的皮下裂纹图例。有时裂纹会延伸很长。这种裂纹是钢液在结晶器到足辊这一段凝固过程中出现的，这一段钢液受到较强的冷却，形成厚度不等的初生坯壳，这时的坯壳

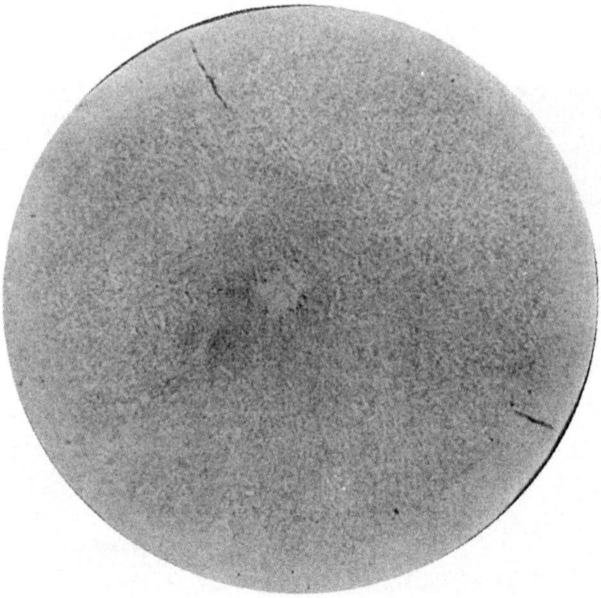

图 2-3　热酸蚀检验的圆坯皮下裂纹

温度往往正处于低塑性区，因此极易产生裂纹。从结晶器设计的角度看，要求每一个横截面四周冷却强度相同，但是由于铸坯的形状、保护渣膜厚度、气隙宽度、钢液在结晶器内的流场等因素，初生坯壳冷却和收缩不均匀，某个部位热应力集中就会产生裂纹。当铸坯出结晶器进入足辊区段，由结晶器铜壁冷却变为喷水冷却，冷却强度和冷却方式都有较大变化，铸坯有可能受到更大的热应力。在足辊处，有时会受到足辊的错位和铸坯鼓肚作用，增加机械应力，大方坯就较容易出现由此原因产生的裂纹，小方坯由于气隙过大等原因，在结晶器内冷却不均匀，形成脱方，在菱变的钝角处受到张力形成皮下裂纹。

图 2-4 和图 2-5 是铸坯切割后显露出的皮下裂纹，图 2-6 和图 2-7 是程度不同的两种圆坯皮下裂纹。

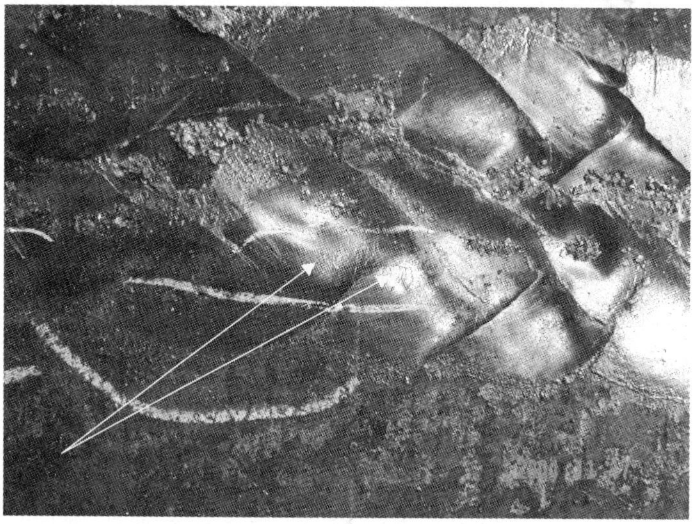

图 2-4　切割后看到的皮下裂纹

图 2-5　板坯皮下裂纹

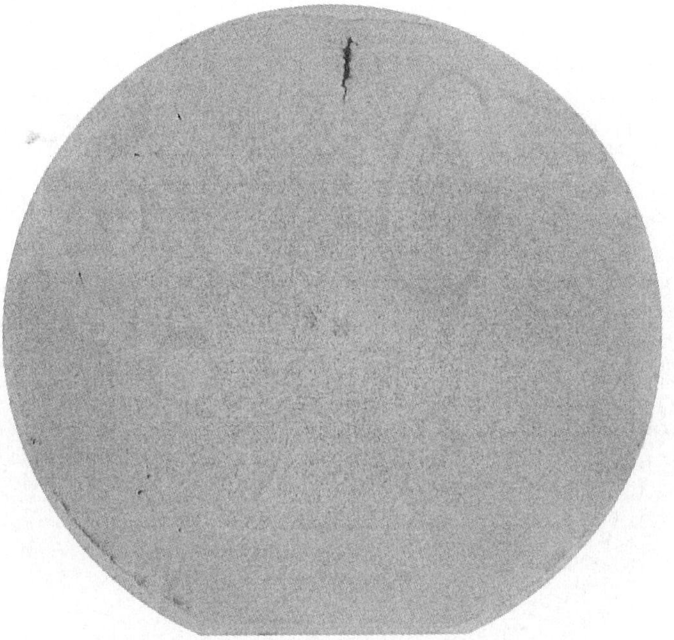

图 2-6　硫印检验的圆坯皮下裂纹

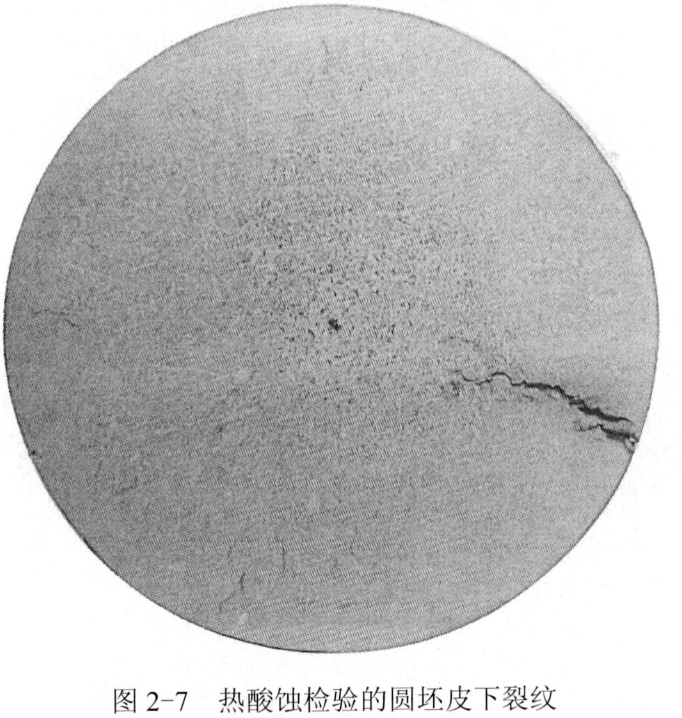

图 2-7　热酸蚀检验的圆坯皮下裂纹

图 2-8 和图 2-9 是用热酸蚀检验的圆坯的皮下裂纹同时带有中间裂纹的图例。

图 2-10～图 2-14 分别是圆坯皮下裂纹 1 级、圆坯皮下裂纹 2 级、圆坯皮下裂纹 3 级、圆坯皮下裂纹 4 级和小方坯的皮下裂纹。

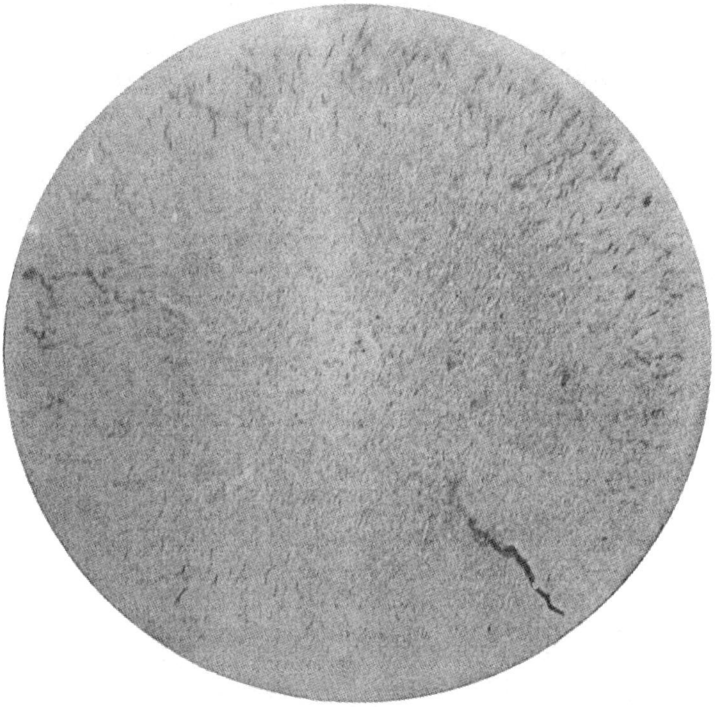

图 2-8　热酸蚀检验的圆坯中间裂纹和皮下裂纹

图 2-9　热酸蚀检验的圆坯中间裂纹和大面积皮下裂纹

图 2-10　圆坯皮下裂纹 1 级

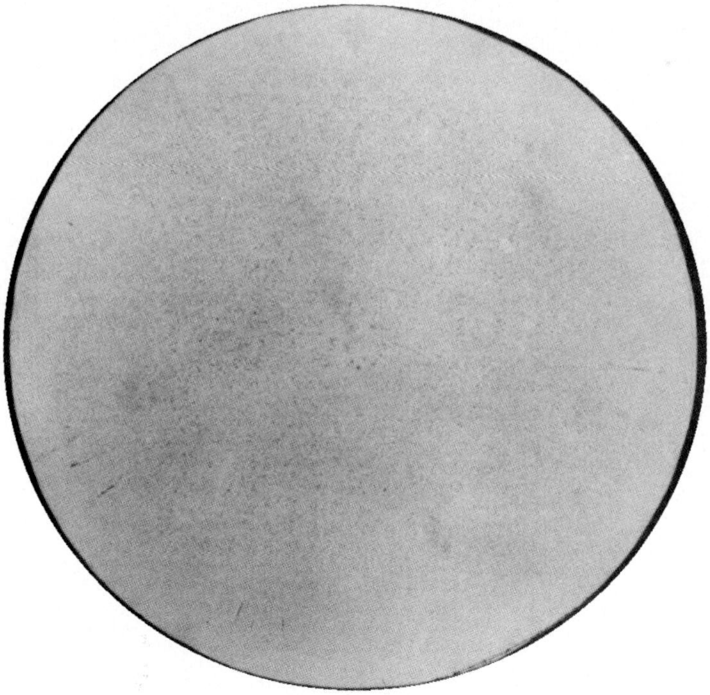

图 2-11　圆坯皮下裂纹 2 级

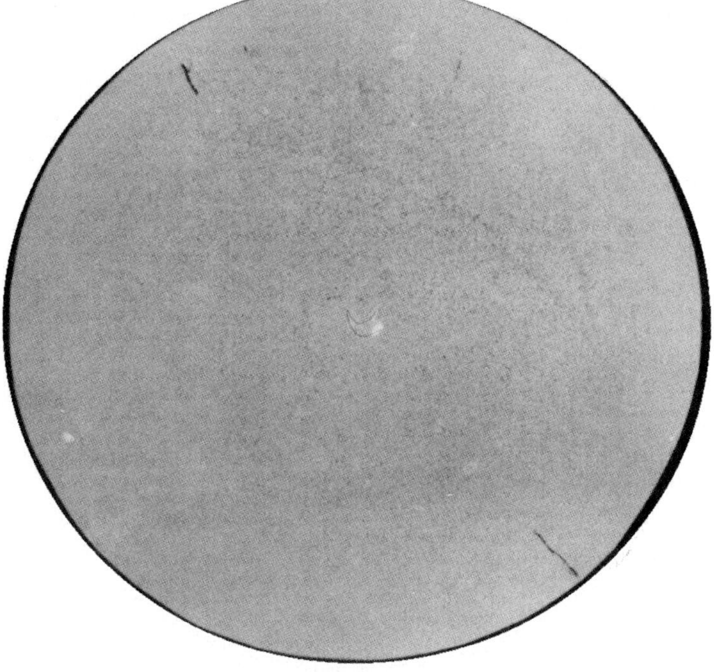

图 2-12　圆坯皮下裂纹 3 级

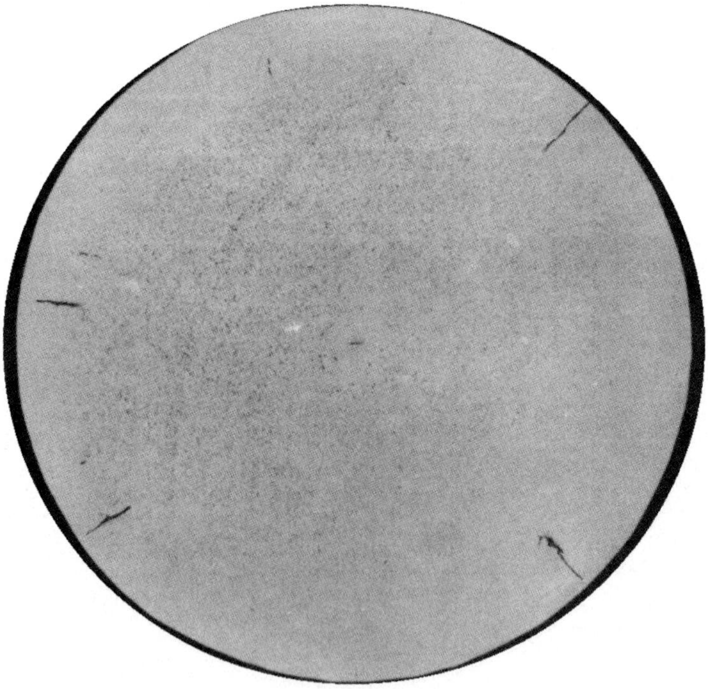

图 2-13　圆坯皮下裂纹 4 级

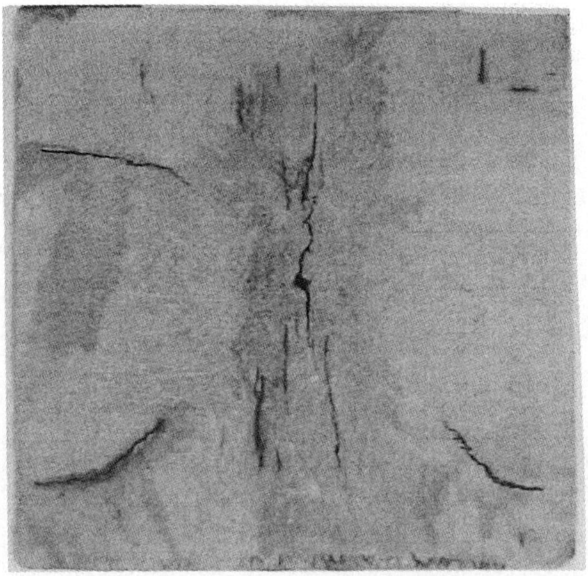

图 2-14　小方坯皮下裂纹等

2.2　中间裂纹

在连铸坯断面上，处于皮下裂纹和连铸坯中心之间出现的裂纹，一般称为中间裂纹。连铸坯断面上这部分的凝固过程正处于连铸机的二冷段中，由于铸坯上的大多数裂纹都是在铸坯凝固初期塑性较低阶段形成的，在这一阶段中，连铸坯在二冷过程中会受到以下几种应力：

（1）温差产生的热应力。连铸坯在二冷段运行过程中，连铸坯的纵向长度上有较大的温度差，一般连铸坯出结晶器后受到强烈的喷水冷却，铸坯表面温度迅速降低，以后二次冷却逐渐减缓，铸坯表面温度回升，回升到一定温度后又再次逐渐降低，直到二冷段结束，这就是常说的连铸坯表面温度“S”形变化，但铸坯内部温度变化比表面温度变化会有些滞后。当铸坯表面温度回升、体积膨胀而表皮以下中间部分正处于冷凝收缩阶段，因两部分存在温差，铸坯表面膨胀，内部收缩产生温差应力，形成中间裂纹。

（2）冷却不均产生的热应力。二冷段存在喷嘴布置不合理，或者喷嘴堵塞等原因使铸机冷却不均匀而产生热应力，应力超过铸坯允许值时就会产生裂纹，形成中间裂纹。此外，连铸坯边部受三面喷水冷却，冷却较快，也容易在不同位置形成中间裂纹。

（3）机械应力。连铸坯在二冷段运行过程受到许多长辊和支撑辊的作用，由于辊子设计或者安装不当，会产生错位或者铸坯鼓肚，这样也会产生中间裂纹。

对于大多数连铸机来说，当拉坯速度较稳定时，铸坯断面上各处的凝固位置与连铸坯上的辊列是对应的，并且较稳定。因此，通过连铸机二冷数学模型可以较精确地计算出铸坯某部分凝固位置与其对应的连铸机的辊的位置，这就为分析裂纹产生原因创造了良好条件。对裂纹产生的相应辊列，分析其冷却和辊子状况，确定热应力和机械应力的大小，对于解决铸坯上的裂纹是一个很有效的方法。应该说明，一般用平方根定律的方法很难精确计算出凝固的辊列位置，因为连铸过程中不同的连铸机凝固系数不同，同一台连铸机不同位置凝固系数也不相同。确定凝固系数是一项较困难的工作。

图 2-15～图 2-17 是形状、位置不同的三种图例介绍的圆坯中间裂纹。

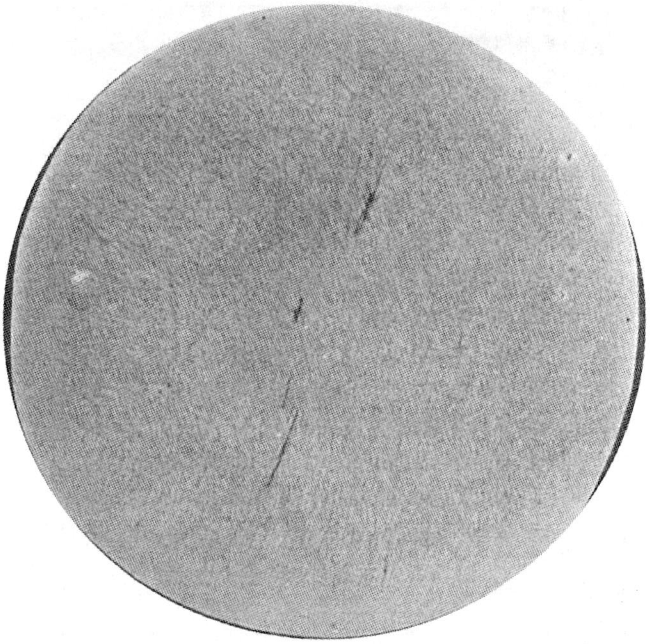

图 2-15　热酸蚀检验的圆坯中间裂纹 I

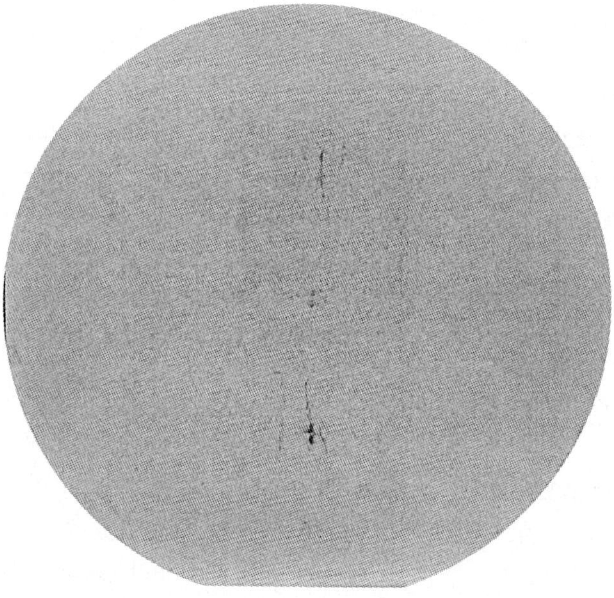

图 2-16　硫印检验的圆坯中间裂纹 II

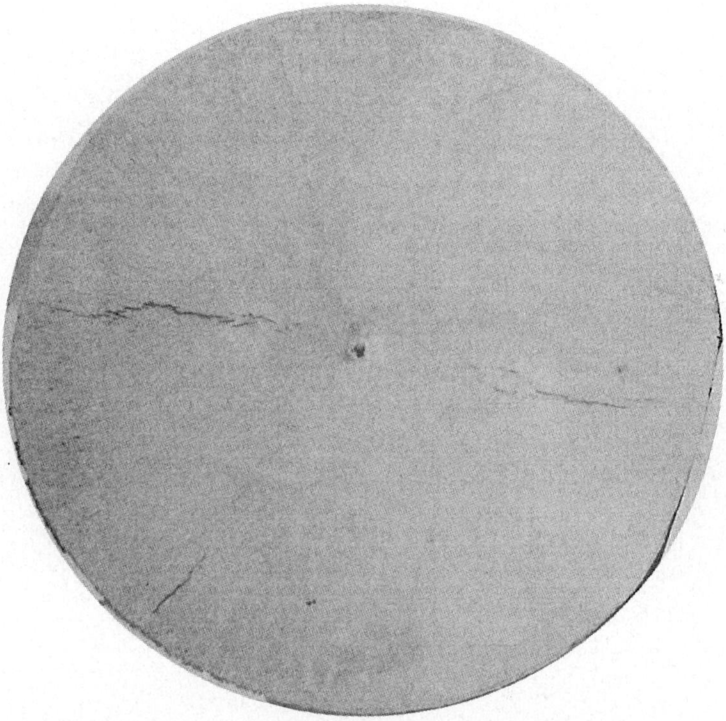

图 2-17　热酸蚀检验的圆坯中间裂纹Ⅲ

图 2-18 和图 2-19 是硫印检验出的小方坯中间裂纹，图 2-20 和图 2-21 是热酸蚀和硫印检验出的小方坯中间裂纹，图 2-22 是板坯中间裂纹。

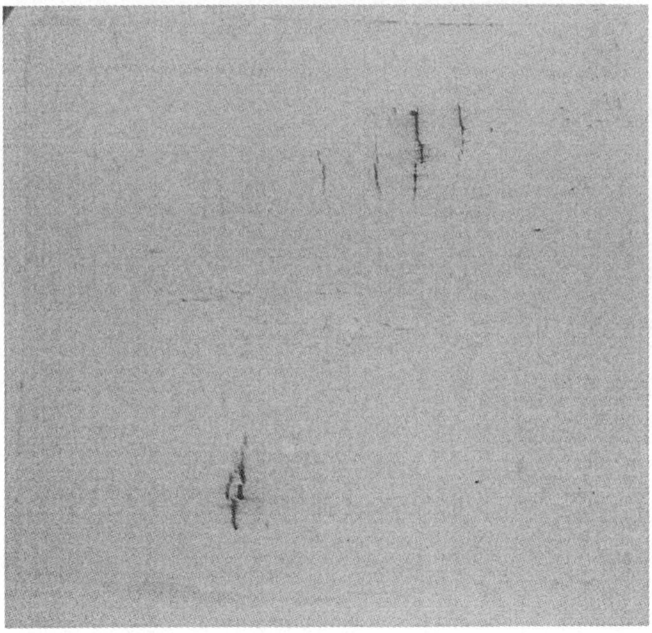

图 2-18　硫印检验的小方坯中间裂纹Ⅰ

图 2-19　硫印检验的小方坯中间裂纹 II

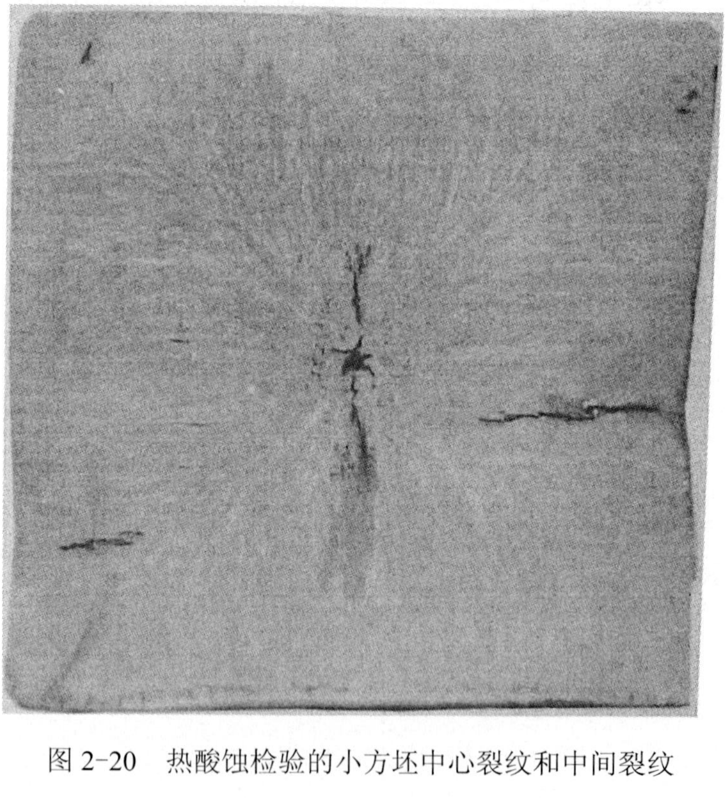

图 2-20　热酸蚀检验的小方坯中心裂纹和中间裂纹

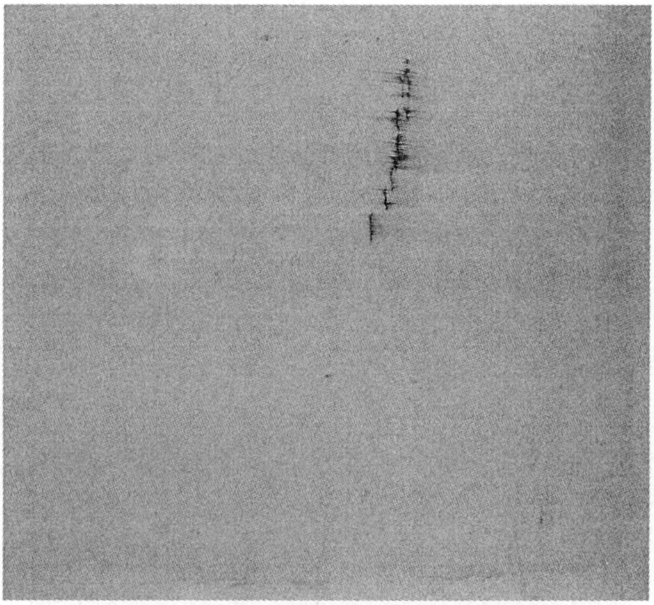

图 2-21　硫印检验的小方坯中间裂纹

图 2-22　板坯中间裂纹

2.3　角部裂纹

角部裂纹是指方坯、板坯在角部附近及对角线处产生的裂纹。低倍检验反映出在表皮以下的裂纹，有的裂纹和表面贯穿，形成表面裂纹。造成角部裂纹的原因有两部分：

（1）由于连铸坯柱状晶基本上是垂直于坯壳面生长的，在弧面与侧面生长的柱状晶在对角线附近会形成一条交界线，柱状晶生长过程中把一些低熔点偏析物推到结晶前沿，在这交界线处就会聚集较多的低熔点化合物，促使此处塑性和强度都大大降低。当铸坯冷却不均，产生热应力时，首先在此处形成裂纹。

（2）连铸坯在结晶器内角部受到两面冷却，先凝固。铸坯的弧面中部受钢水静压力作用，坯壳与铜壁接触好，气隙小，冷却较好，因此在角部与面中部之间，角部附近气隙较大，冷却较差，坯壳晶粒粗化，当受到应力作用时容易产生裂纹。

下列因素促进角部裂纹生成：当钢中硫、磷等偏析元素含量高时，增加低熔点化合物的聚集，促进裂纹生成；当钢水温度较高时，柱状晶发展，也促进裂纹生成；对小方坯来说，结晶器锥度不合适，二冷不均会产生菱变，在铸坯钝角处产生张力，因此小方坯出现角部裂纹较多一些。

图 2-23 展示了小方坯带有脱方、凹陷的对角线裂纹。图 2-24 是带有脱方、凹陷和缩孔的对角线裂纹。图 2-25 是中间裂纹、中心裂纹和角部凹陷。

图 2-23　热酸蚀检验的脱方、凹陷和对角线裂纹

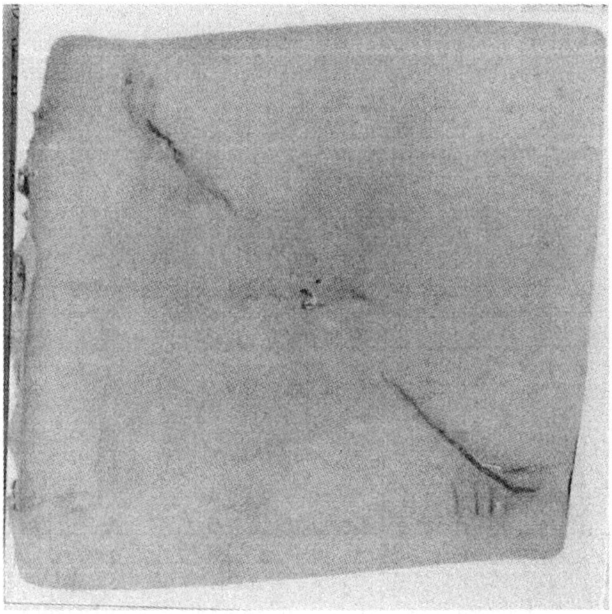

图 2-24　热酸蚀检验的脱方、凹陷、缩孔和对角线裂纹

图 2-25　热酸蚀检验的中间裂纹、中心裂纹和角部凹陷

图 2-26 是矩形坯的对角线裂纹，图 2-27 是 20Cr 钢的对角线裂纹。

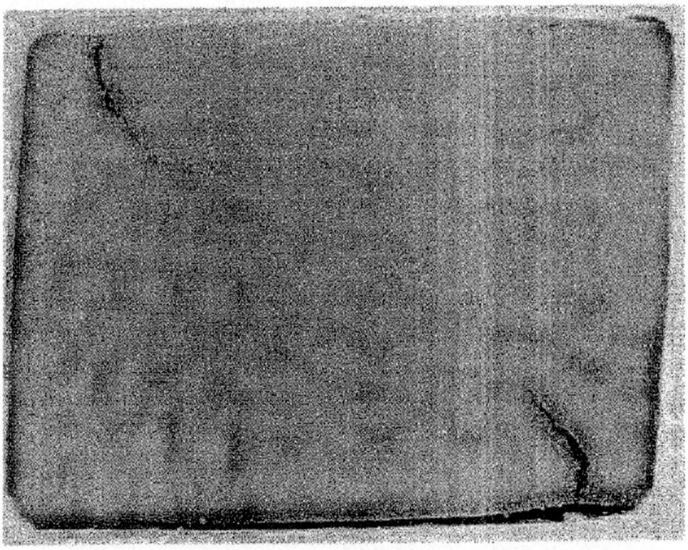

图 2-26　热酸蚀检验的矩形坯对角线裂纹

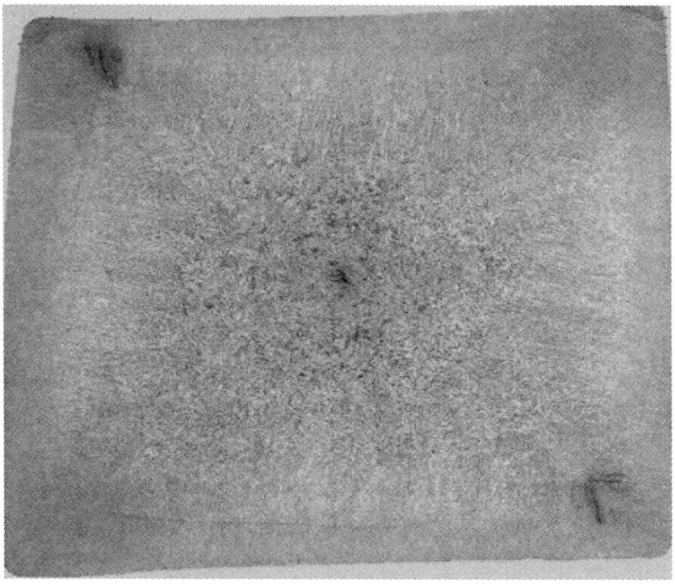

图 2-27　20Cr 钢的对角线裂纹

2.4　三角区裂纹

三角区裂纹是专指连铸板坯中出现的一种裂纹。其位置在以板坯侧面为底边的三角区内，主要由垂直于侧面生长的柱状晶构成。由于板坯侧面受较强的冷却，而铸坯内钢水流动很难影响到边部，三角区内柱状晶特别发达，板坯边部冷却条件较好，冷却收缩剧烈，因此往往在柱状晶之间由于热应力作用而产生裂纹。有的板坯连铸机存在辊列错位时，机械应力作用也会造成裂纹，实际生产中往往是热应力与机械应力共同作用产生三角区裂纹。

图 2-28 是硫印检验法检验的矩形坯三角区裂纹，图 2-29 是矩形坯的三角区裂纹，图 2-30 是带有中间裂纹和三角区裂纹的图例，图 2-31 是板坯出现的三角区裂纹。

图 2-28　硫印检验的矩形坯三角区裂纹

图 2-29　硫印检验的矩形坯三角区裂纹

图 2-30　硫印检验的三角区裂纹和中间裂纹

图 2-31　板坯的三角区裂纹

3　连铸坯中心部分低倍缺陷

3.1　中心疏松和中心缩孔

连铸坯中心部分是铸坯最后凝固的部分，是连铸坯较薄弱的环节。而中心疏松和缩孔是较普遍的缺陷。这种缺陷产生的根本原因是铸坯中心部分在凝固收缩过程中得不到相应的钢水补充形成了疏松和气孔。钢水的补缩是靠重力作用，并与最后凝固部分钢水流动有关。如大方坯要求致密的中心组织就采用较大弧形半径连铸机。钢坯在凝固过程中会出现一种称为“小锭结构”的“搭桥”现象，如图 3-1 所示。不均匀的凝固使铸坯出现搭桥现象。由于搭桥的阻碍，下部钢水收缩时上部钢水无法补充，形成了疏松和缩孔。一般认为柱状晶发展容易引起不均匀收缩，增加缩孔和疏松出现的机会。

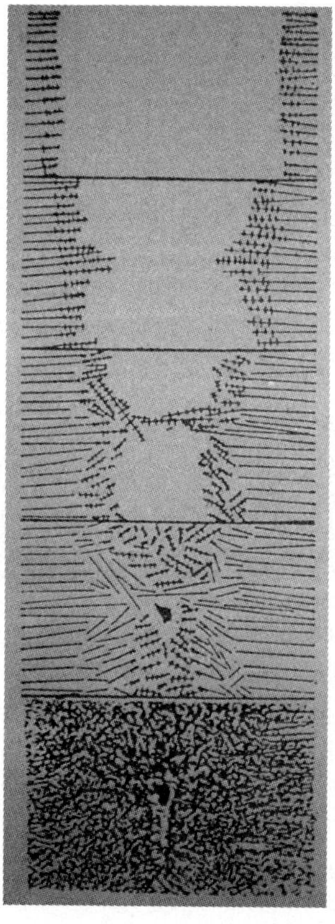

图 3-1　“小钢锭”形成示意图

图 3-2～图 3-5 分别是 1～4 级中心疏松图例，中心缩孔 1～4 级图例展示在图 3-6～图 3-9 中。

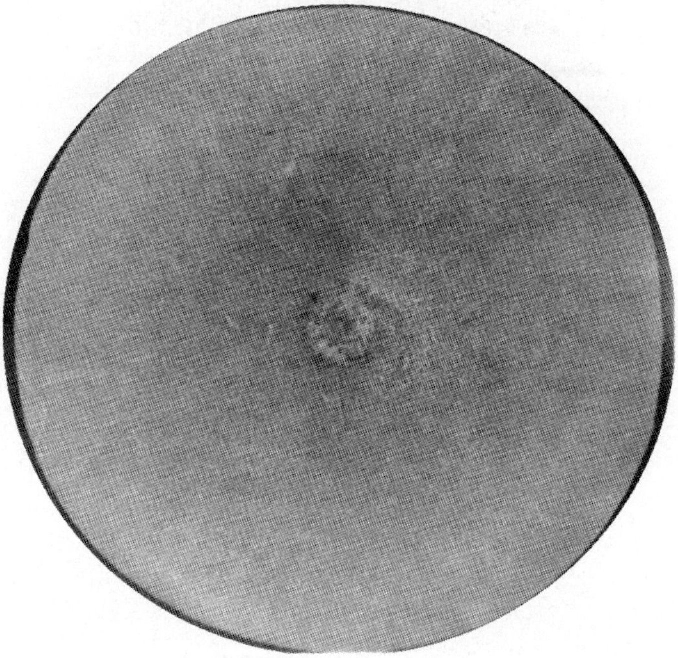

图 3-2　中心疏松 1 级

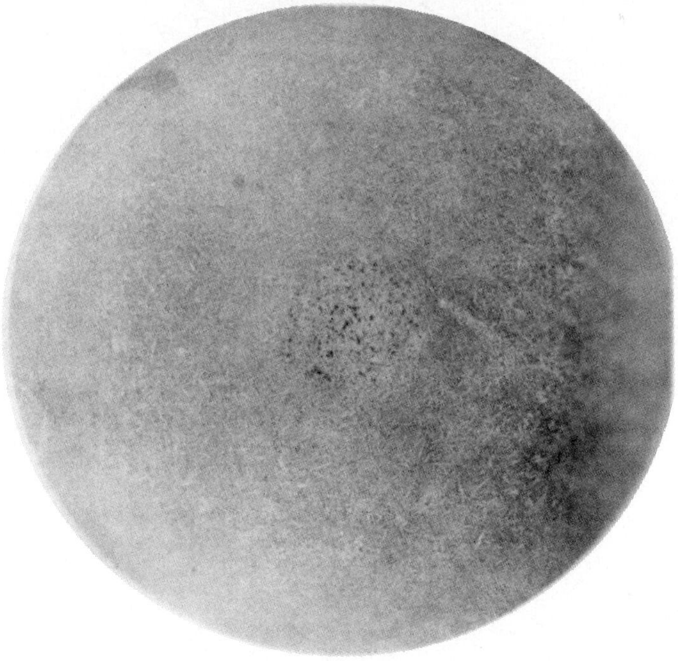

图 3-3　中心疏松 2 级

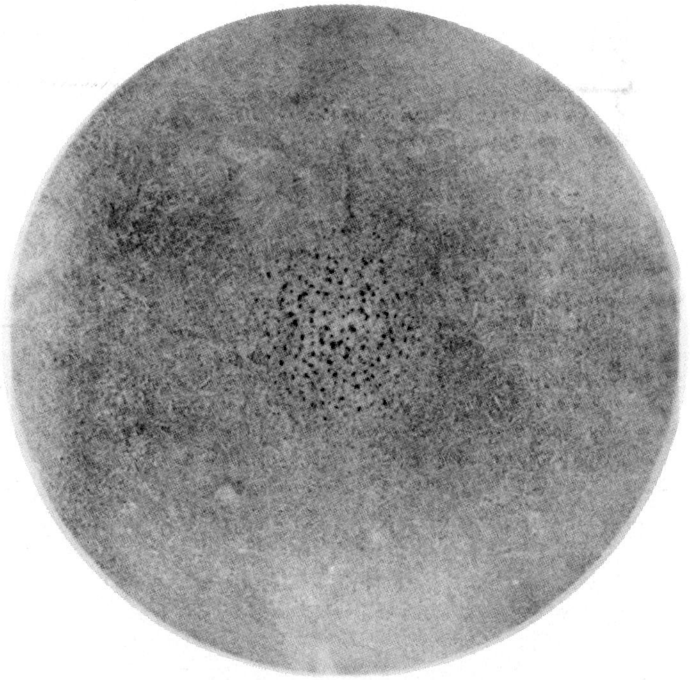

图 3-4　中心疏松 3 级

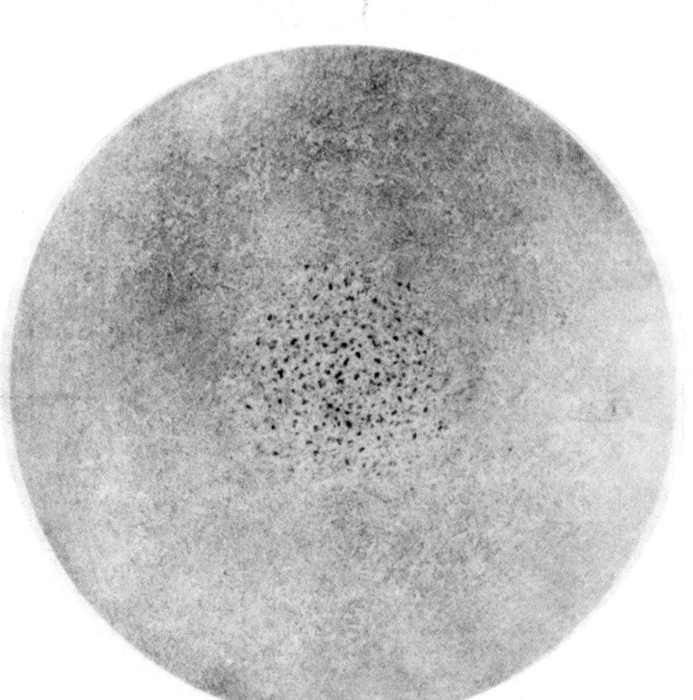

图 3-5　中心疏松 4 级

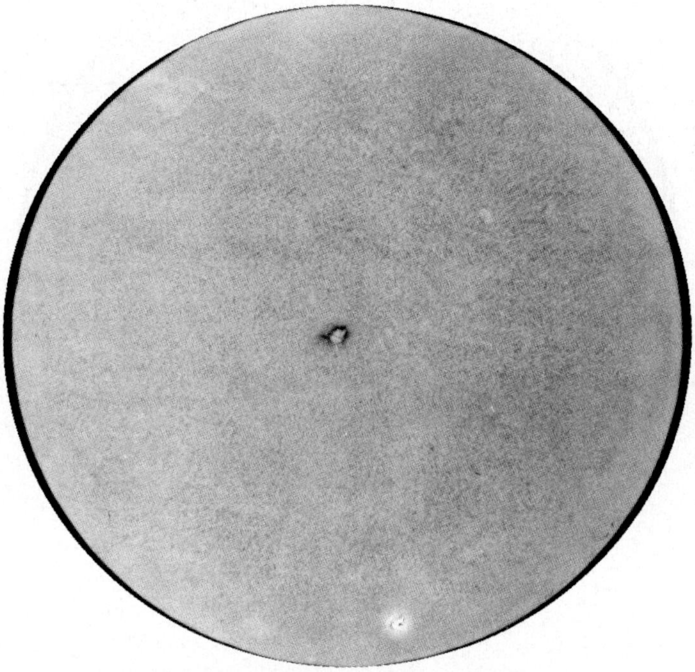

图 3-6　中心缩孔 1 级

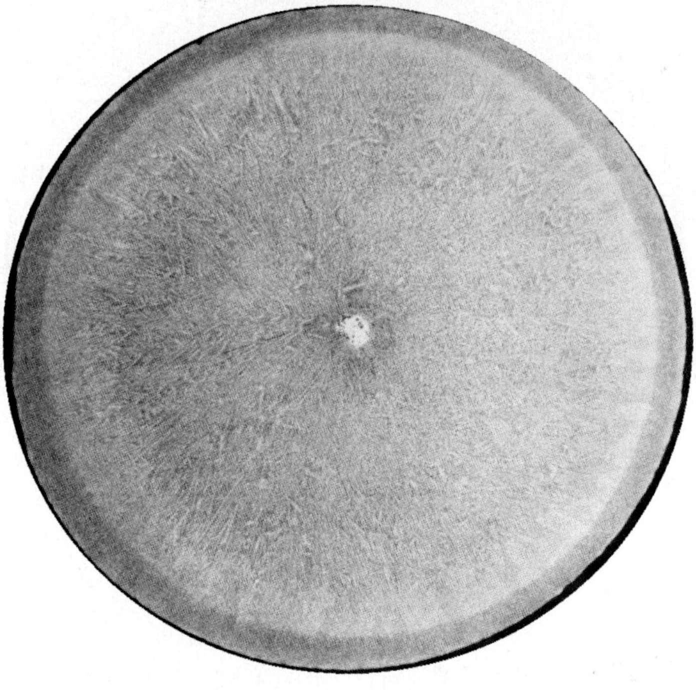

图 3-7　中心缩孔 2 级

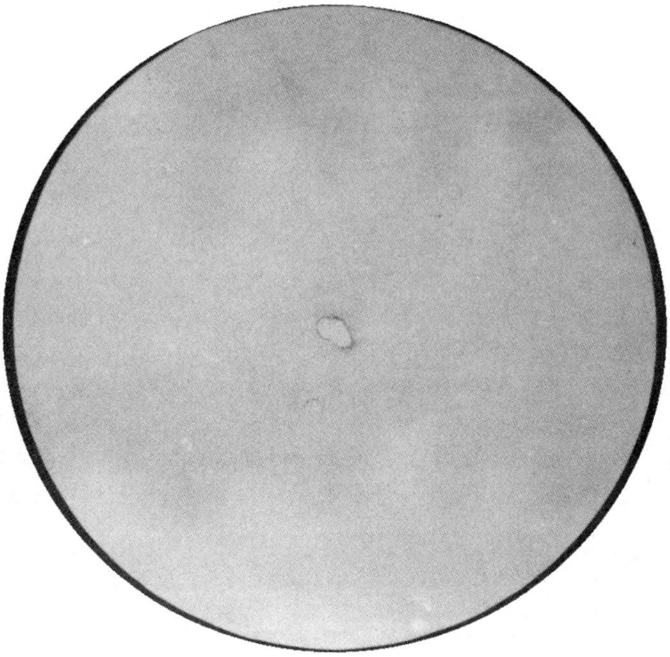

图 3-8　中心缩孔 3 级

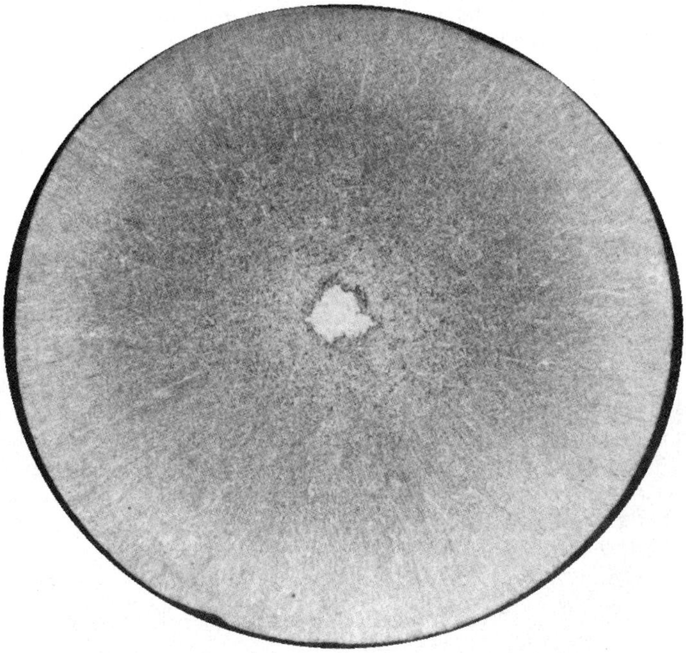

图 3-9　中心缩孔 4 级

不同用途的钢坯对疏松和缩孔缺陷有一定的限制，如用于制造轴和轴承的钢坯就不允许有缩孔和疏松，用于做钢管坯的铸坯允许有较轻微的疏松和缩孔，建筑用盘条的小方坯对连铸坯疏松和缩孔要求不严，因其轧制过程压缩比较大，许多疏松和缩孔都能焊合。在低倍检验中把疏松和缩孔缺陷严重程度分成等级，以便分级使用，对连铸工作者更重要的是减轻或消除这些缺陷。

图 3-10 和图 3-11 是热酸蚀方法检验的小方坯中心缩孔，中心部位明显的缺陷便是缩孔。图 3-12 是硫印检验的中心缩孔。

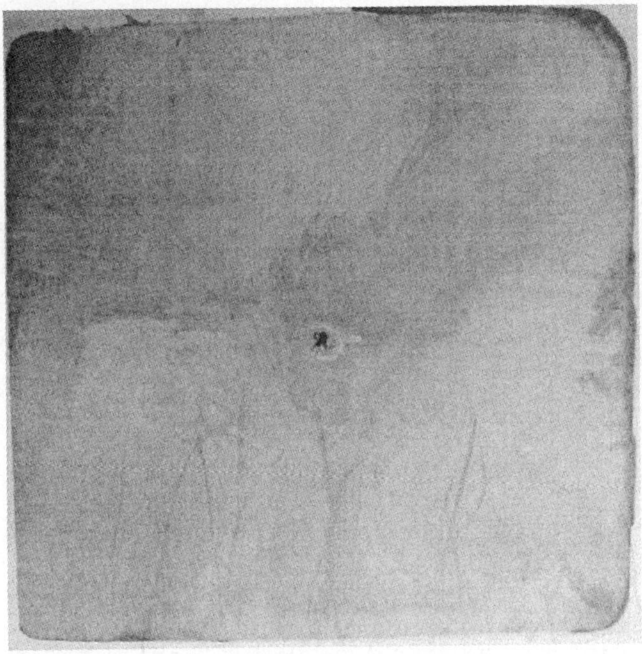

图 3-10　热酸蚀检验的小方坯中心缩孔 I

图 3-11　热酸蚀检验的小方坯中心缩孔 II

图 3-12　硫印检验的中心缩孔

图 3-13 是穿晶组织和中心缩孔。图 3-14 是普碳钢小方坯的中心缩孔。图 3-15 是大方坯 2 级中心缩孔，图 3-16 是大方坯带有中心缩孔和中心疏松的图例。

图 3-13　热酸蚀检验的穿晶组织和中心缩孔

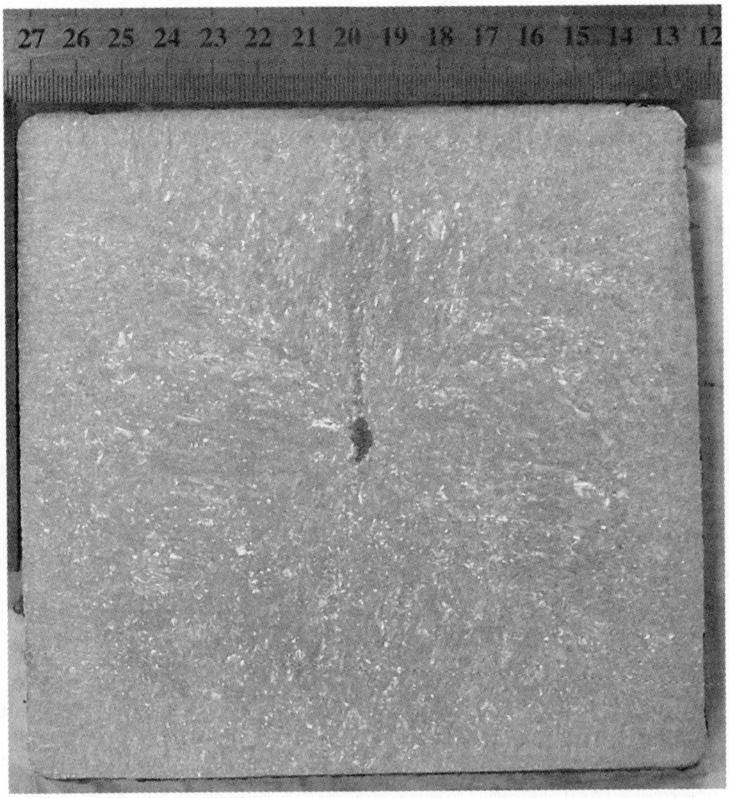

图 3-14　普碳钢小方坯中心缩孔

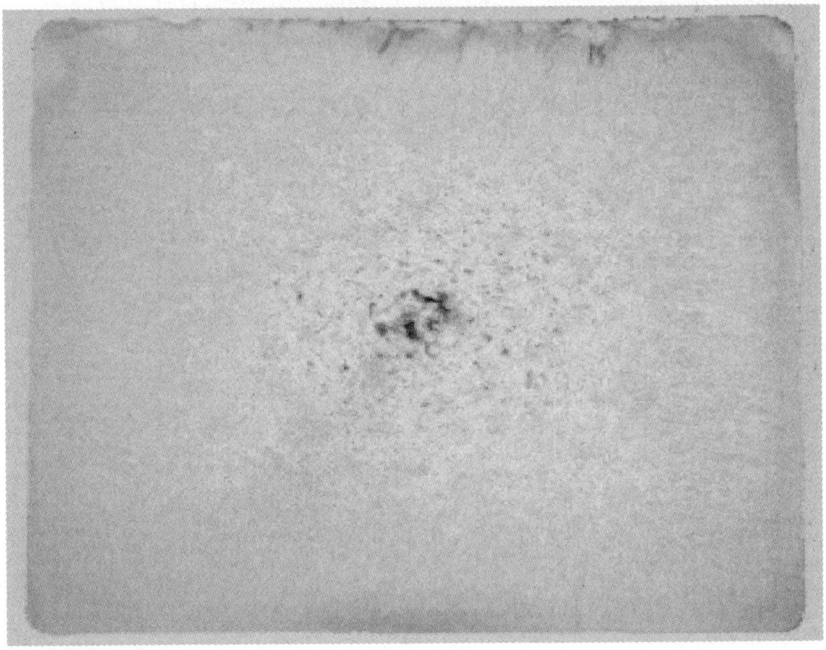

图 3-15　热酸蚀检验的大方坯中心疏松和 2 级中心缩孔

图 3-16　硫印检验的大方坯中心缩孔和中心疏松

图 3-17 是 40Mn2 钢大方坯中心疏松和中心缩孔，图 3-18 是 20CrMnTi 钢的中心缩孔。

图 3-19 是 45 号钢大方坯 1 级中心缩孔图例。

图 3-17　热酸蚀检验的 40Mn2 钢大方坯中心疏松和中心缩孔

图 3-18　热酸蚀检验的 20CrMnTi 钢的中心缩孔

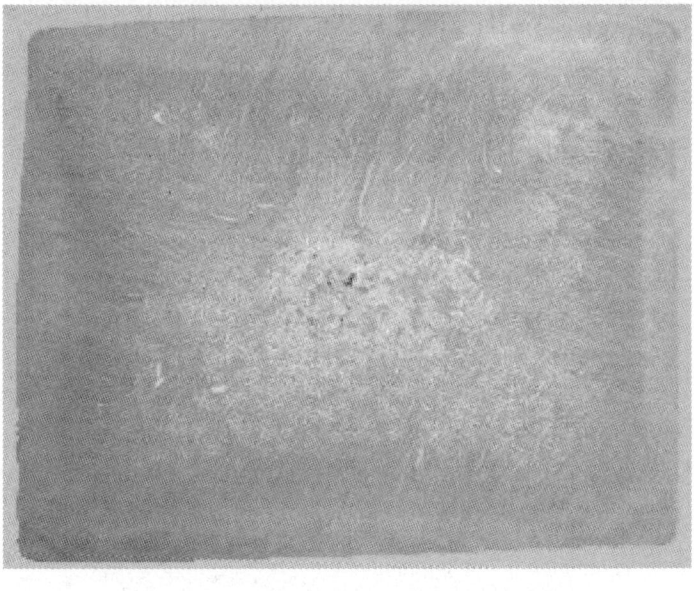

图 3-19　中碳钢大方坯 1 级中心缩孔

3.2　中心偏析

连铸坯的偏析是指钢中的元素在连铸坯中的不均匀分布。由于钢中的一些元素在钢液中的溶解度与在凝固钢中溶解度差异较大，在钢的凝固过程中把这些没有溶解在凝钢中的元素富聚到结晶前沿的钢液中，即选份结晶。钢中元素偏析的倾向决定于该元素在凝固温度时凝固钢与钢液中平衡溶解度之比，即分配系数。一些常见元素凝固温度的分配系数如表 3-1 所示。

表 3-1　几种合金元素在铁凝固时（约 1500℃）的平衡分配系数近似值

元　素	铁素体中的 K	奥氏体中的 K
Mn	0.75	0.75
S	0.06	0.015
P	0.13	0.06
C	0.13	0.36

表 3-1 中硫、磷的分配系数较低，说明硫、磷在钢中容易产生偏析。

检验连铸坯偏析有两种方法：一种是在铸坯中心到边沿间隔一定距离钻取钢样分析钢中元素含量，再与这种炉钢样成分进行比较，以百分数形式表示其偏析程度，大于 1 为正偏析，小于 1 为负偏析。这种方法对所有元素的偏析情况都能做出具体的结果。另一种方法是采用低倍检验方法，如前所述低倍检验方法仅能显示出铸坯中硫化物和磷化物的聚集分布状态，有直观的效果，但对其他元素的偏析状况就难以显示。低倍检验上显示的偏析状况称为宏观偏析，除了上述分配系数决定元素的偏析倾向外，造成宏观偏析的一个重要条件是，钢液的运动把结晶前沿富含偏析元素带走，随凝固进行，剩余钢液中的偏析元素浓度大体是均匀的，也逐渐增加其浓度，中心部分凝固时已形成高浓度偏析元素的集聚区，最终形成了中心偏析。

钢中偏析元素硫、磷含量高，中心偏析严重，钢水温度高，柱状晶发展促进中心偏析。中心等轴晶的形成可使偏析元素分散，减轻中心偏析。最终剩余钢水的运动状况会影响偏析严重程度，如板坯的鼓肚现象就会局部使中心偏析加重。近年来末端电磁搅拌和轻压下技术可有效减少中心偏析。图 3-20～图 3-22 是 A 类偏析、B 类偏析和 C 类偏析图例。

(A1.0)

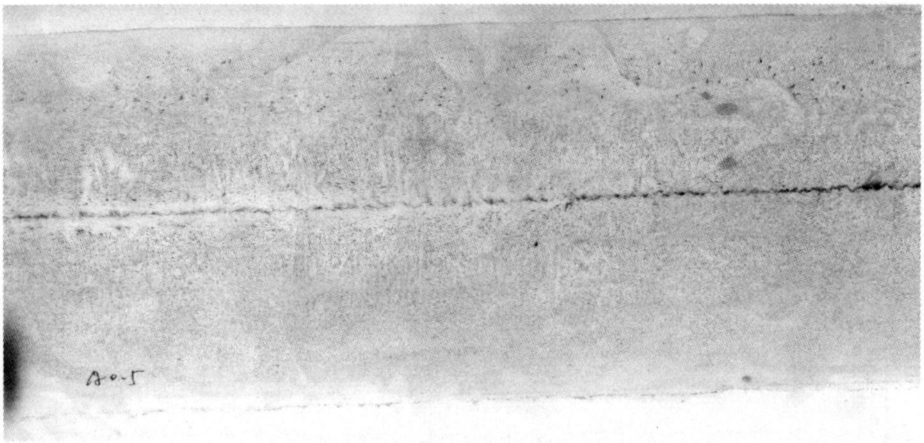

(硫印 A0.5)

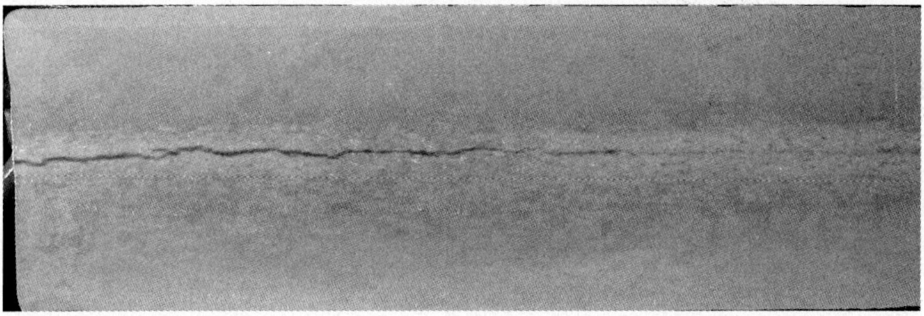

(A2.0)

图 3-20　A 类偏析

(硫印 B0.5)

(B0.5)

图 3-21　B 类偏析

(C1.0)

(硫印 C1.0)

(C0.5)

图 3-22　C 类偏析

图 3-23～图 3-26 是分布大小和密度不同的中心偏析和中心疏松图例。

图 3-23　热酸蚀检验的中心偏析和中心疏松

图 3-24　（纵截面）中心偏析

图 3-25　热酸蚀检验的矩形坯中心偏析、中心疏松和角部裂纹

图 3-26　热酸蚀检验的矩形坯中心偏析和中心缩孔

图 3-27 展示了大方坯中心偏析和中心疏松，图 3-28 和图 3-29 是矩形坯的中心偏析。

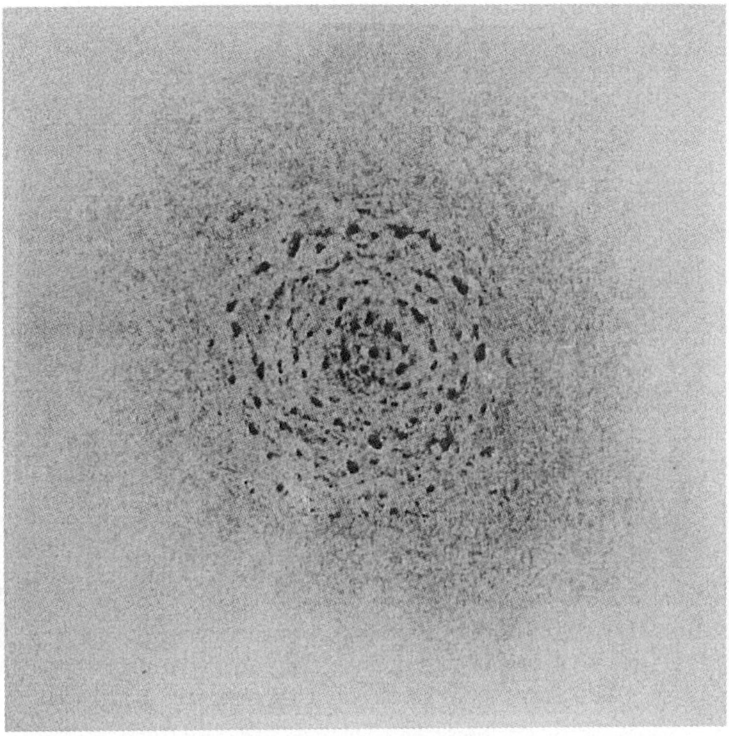

图 3-27　热酸蚀检验的大方坯中心偏析和中心疏松

图 3-28　硫印检验的矩形坯中心偏析 I

图 3-29　硫印检验的矩形坯中心偏析 II

图 3-30～图 3-33 是板坯的中心偏析图例，图 3-34～图 3-37 是大方坯的中心偏析图例。

图 3-30　板坯边部中心偏析

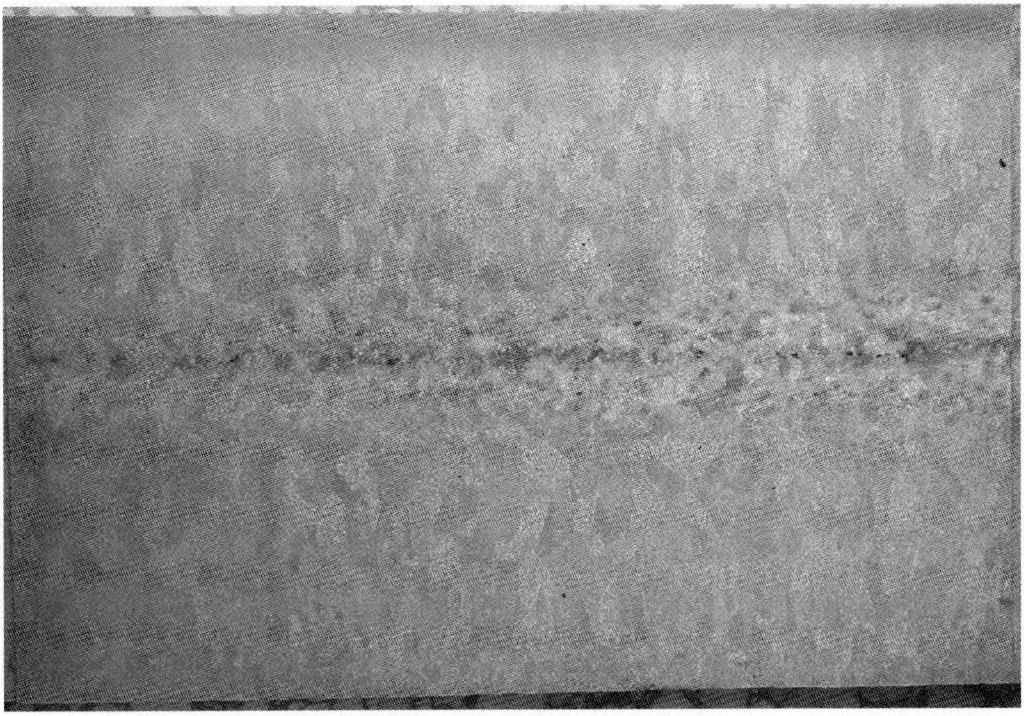

图 3-31 板坯中部中心偏析

图 3-32 中碳钢板坯中部中心偏析

图 3-33　中碳钢板坯边部中心偏析

图 3-34　大方坯中心偏析 I

图 3-35　大方坯中心偏析Ⅱ

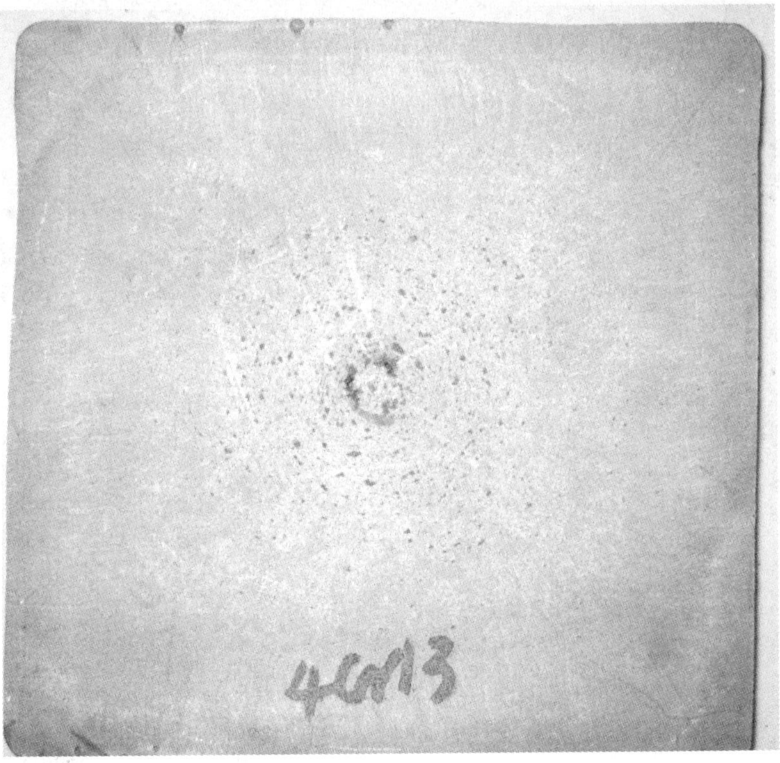

图 3-36　中碳钢大方坯中心偏析

图 3-37　中心偏析纵向试样

图 3-38～图 3-42 是几种中碳钢小方坯中心偏析图例。

图 3-38　中碳钢小方坯中心偏析

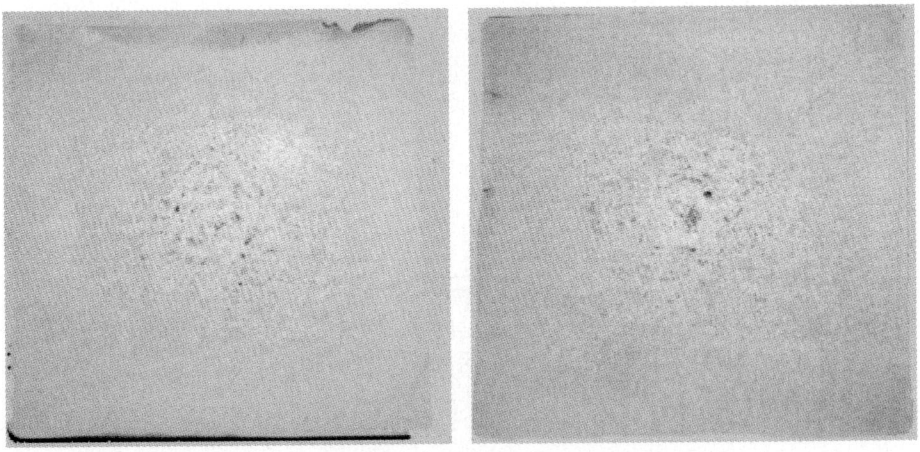

图 3-39　GCr15 钢的中心偏析及缩孔

GCr15 钢　　20Cr 钢

图 3-40　小方坯中心偏析

图 3-41　40Cr 钢小方坯的中心偏析

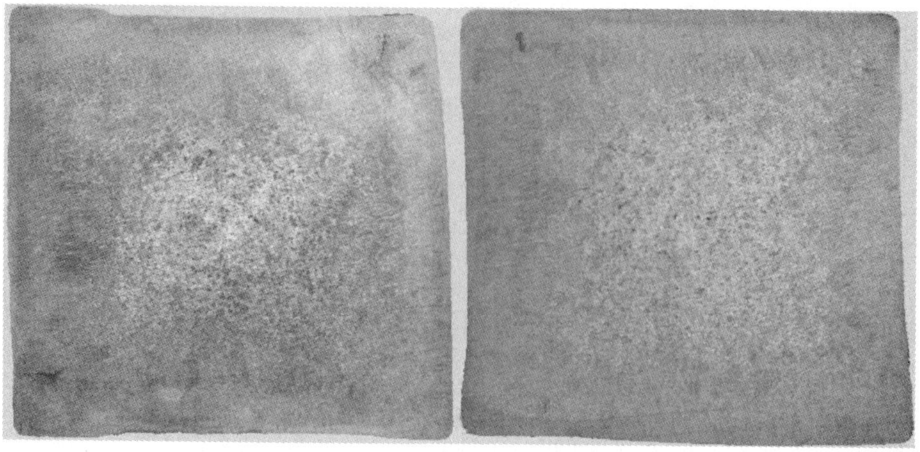

图 3-42　40Cr 钢小方坯中心偏析

3.3　中心裂纹

中心裂纹产生的原因也是由于铸坯中心部分在凝固过程中受到应力作用而产生的裂纹。铸坯冷却强度过大是产生中心裂纹的主要原因。此时如果出现缩孔，就造成缩孔与裂纹伴生。板坯的鼓肚产生机械应力，会造成中心裂纹，有的铸机中心凝固时正处于矫直阶段，如果矫直设计不合适或者设备存在问题都可能出现由矫直产生的中心裂纹。图 3-43 和图 3-44 是圆坯中心裂纹图例，图 3-45 是大方坯中心裂纹图例。

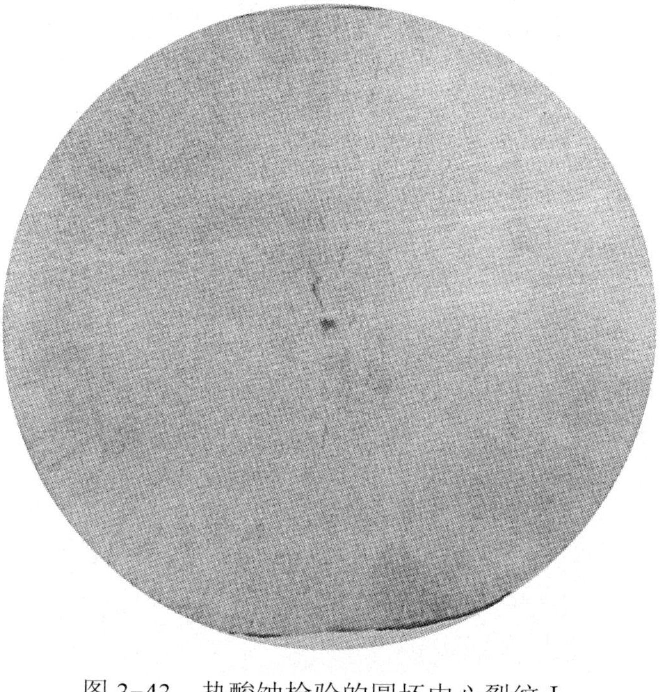

图 3-43　热酸蚀检验的圆坯中心裂纹 Ⅰ

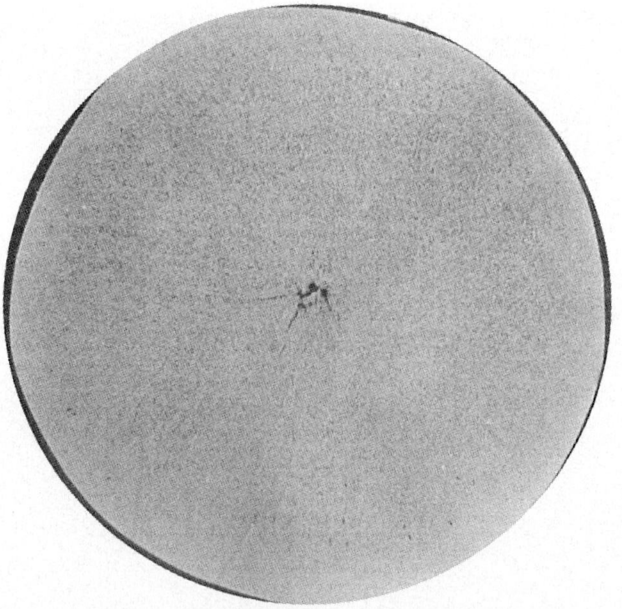

图 3-44　热酸蚀检验的圆坯中心裂纹Ⅱ

图 3-45　大方坯中心裂纹

连铸坯中心产生裂纹的同时，附近有富聚偏析物的钢水会填到裂纹中，在低倍检验上表现出是偏析，往往中心裂纹和偏析是共同产生的，见图 3-46 和图 3-47。

图 3-46　热酸蚀检验的小方坯中心裂纹、中间裂纹和角部裂纹

图 3-47　热酸蚀检验的小方坯中心裂纹和中间裂纹

图 3-48 和图 3-49 是小方坯中心裂纹图例，图 3-50 是矩形坯中心裂纹图例。

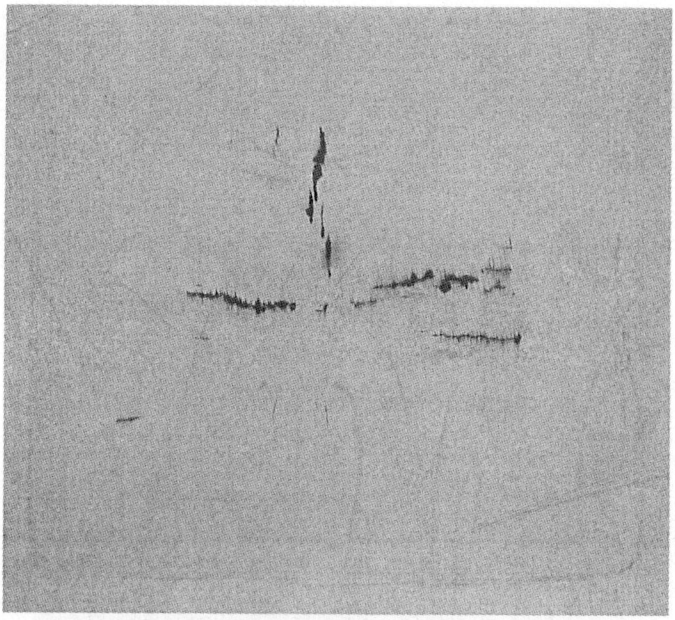

图 3-48　硫印检验的小方坯中心裂纹

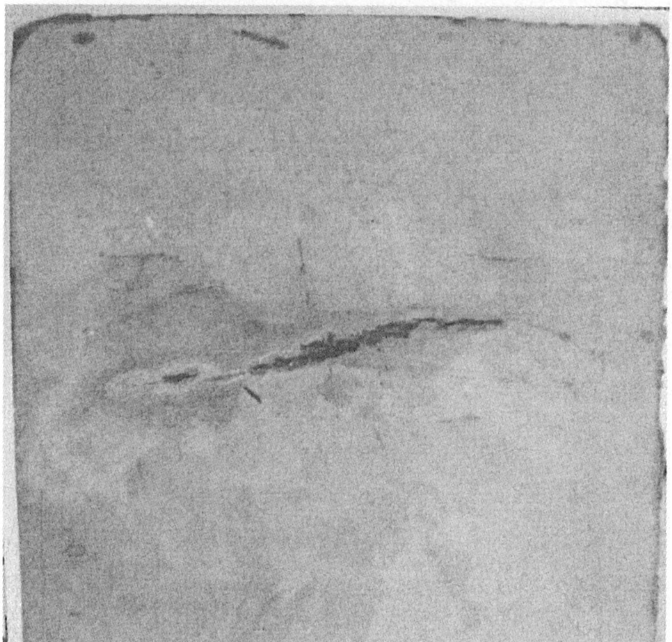

图 3-49　热酸蚀检验的小方坯中心裂纹

图 3-51～图 3-55 是一组小方坯中心裂纹，分别呈现为星状、一字形或其他形状，均表现在中心部位。图 3-56 是圆坯星状中心裂纹。图 3-57～图 3-60 分别为 1～4 级中心裂纹。

图 3-50　热酸蚀检验的矩形坯中心裂纹

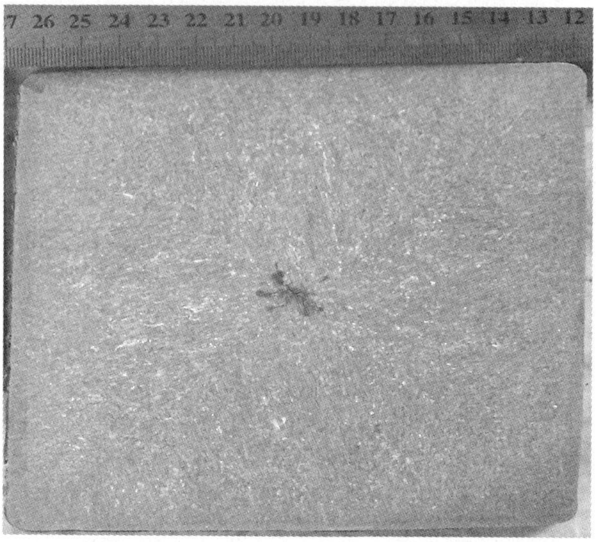

图 3-51　小方坯星状中心裂纹 I

图 3-52　小方坯星状中心裂纹 II

图 3-53　普碳钢小方坯星状中心裂纹

图 3-54　小方坯一字形中心裂纹

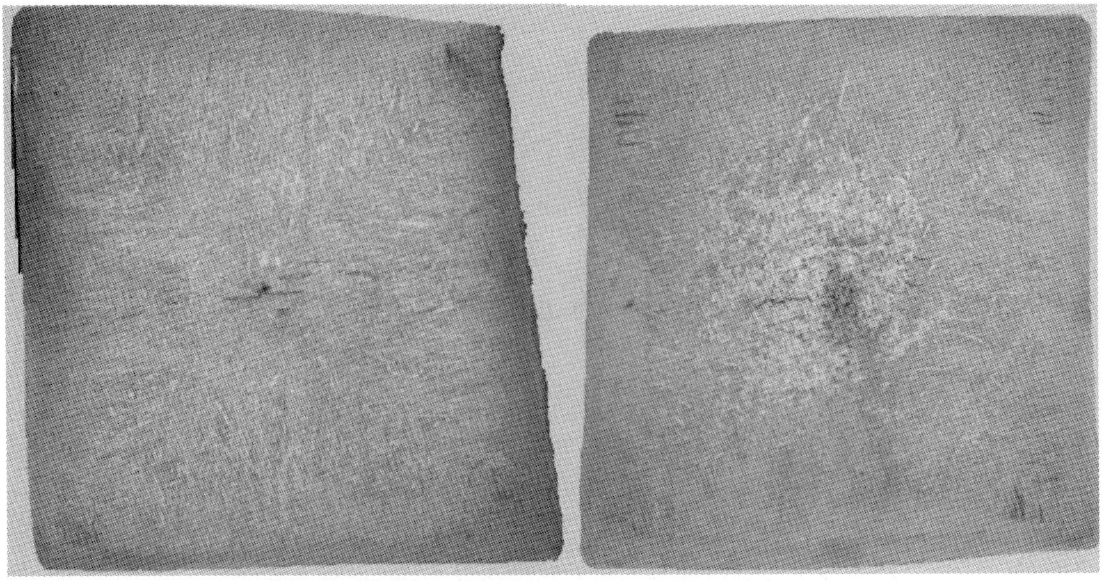

图 3-55　45 号钢小方坯中心裂纹

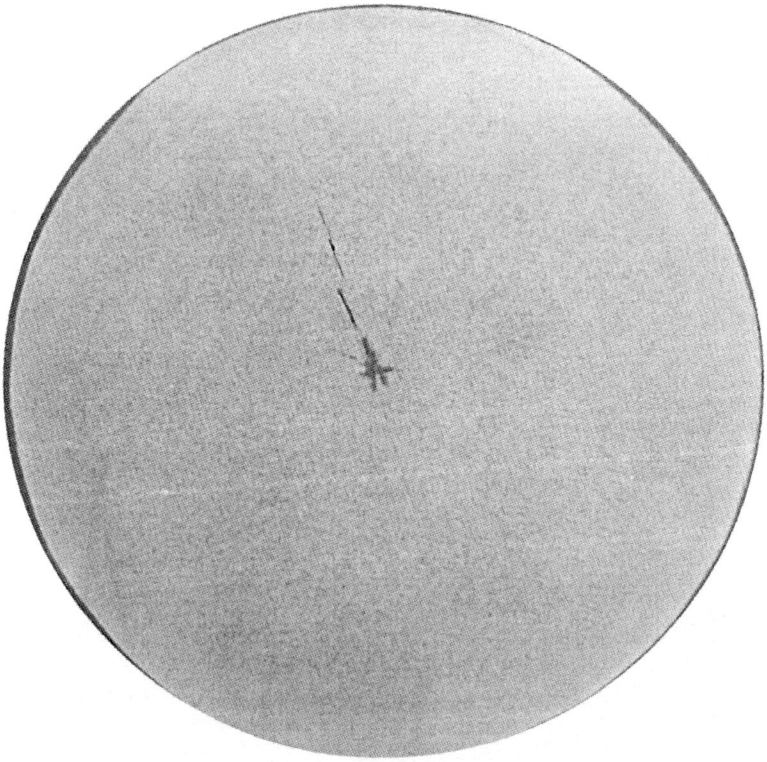

图 3-56　普碳钢圆坯星状中心裂纹

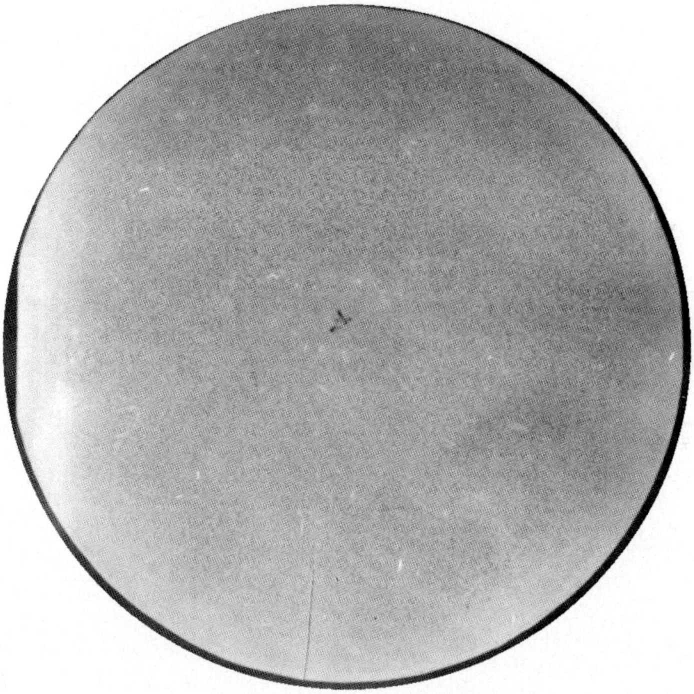

图 3-57　中心裂纹 1 级

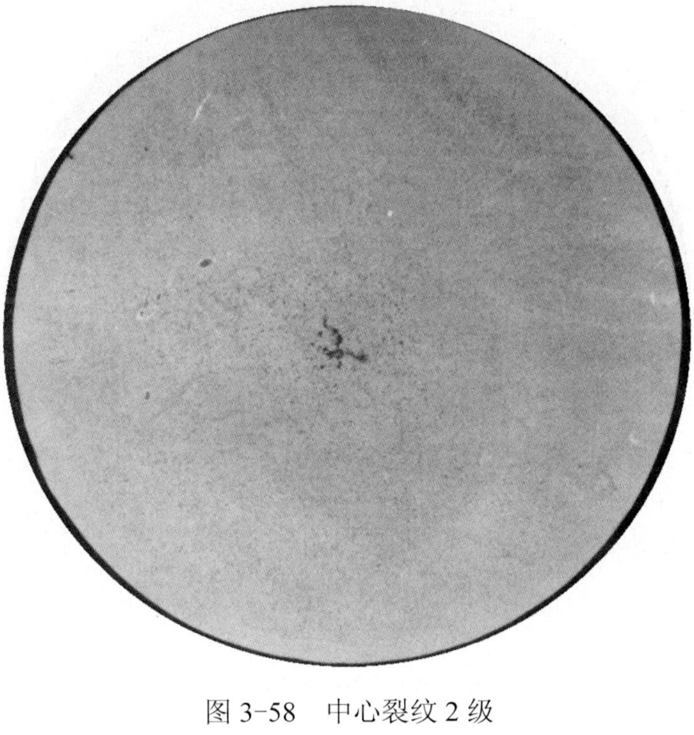

图 3-58　中心裂纹 2 级

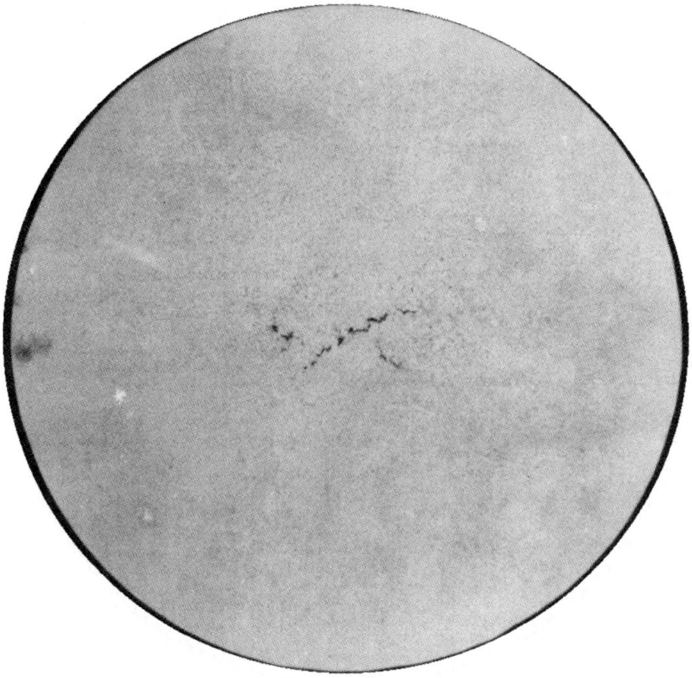

图 3-59　中心裂纹 3 级

图 3-60　中心裂纹 4 级

4 夹 杂 物

低倍检验能发现的夹杂物都是大颗粒夹杂物，至少 50μm 以上。大颗粒夹杂物对钢材质量影响较大，重要用途的钢是不允许大颗粒夹杂物存在的。

钢水在脱氧过程中产生的大颗粒夹杂物，大多数在钢包和中间包中聚集上浮了，很少会在低倍检验上看到。在低倍检验上出现的大颗粒夹杂物主要来源是卷渣，保护渣在结晶器内被卷入钢中，有的会被结晶前沿粘住，或者钢水流动性差不易上浮，保护渣颗粒被残留在铸坯中。此外，在连铸过程中有时耐火材料也可能被带入结晶器，形成大颗粒夹杂物，见图 4-1～图 4-5。

钢在凝固过程中，有时会出现硫化物聚集，也会形成大颗粒夹杂物，采用电镜方法分析这些夹杂物的成分，有助于寻找出夹杂物的来源。

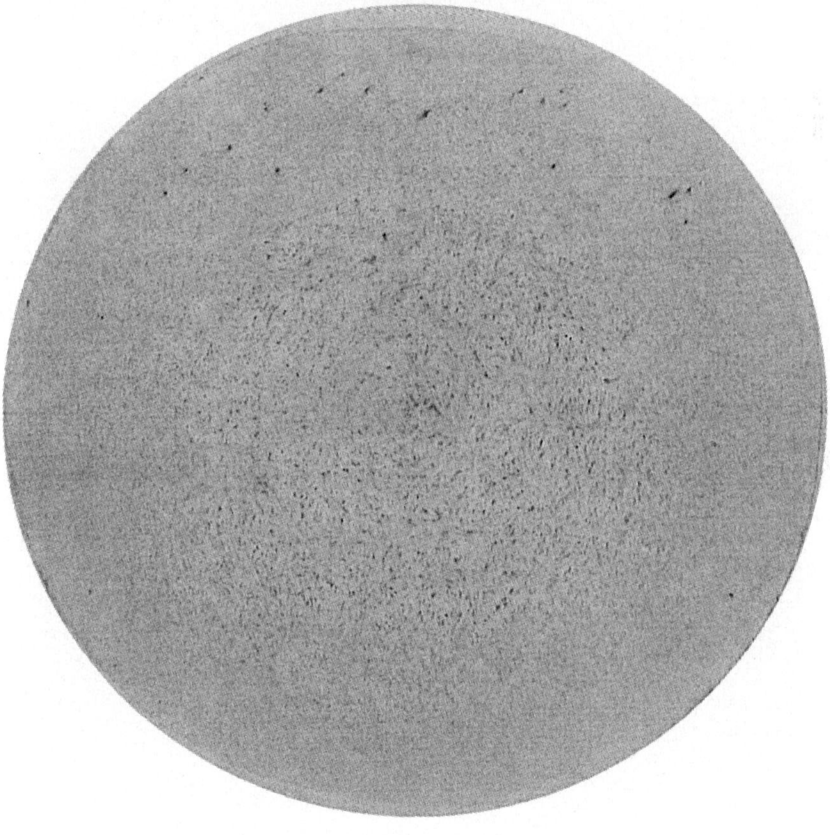

图 4-1　硫印检验的夹杂物

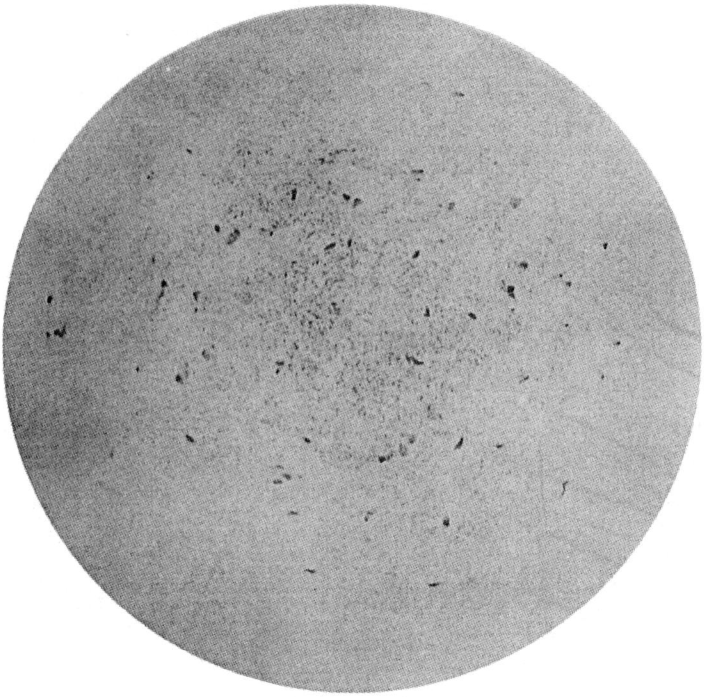

图 4-2　热酸蚀检验的圆坯夹渣

图 4-3　硫印检验的铸坯中间裂纹和夹杂物

图 4-4　硫印检验的分布在矩形坯中心位置的夹杂物

图 4-5　硫印检验的矩形坯中心位置的夹杂物

图 4-6 和图 4-7 是圆坯中的夹杂物及圆坯中的异金属夹杂物，图 4-8 是分布在整个检验面的夹杂物。

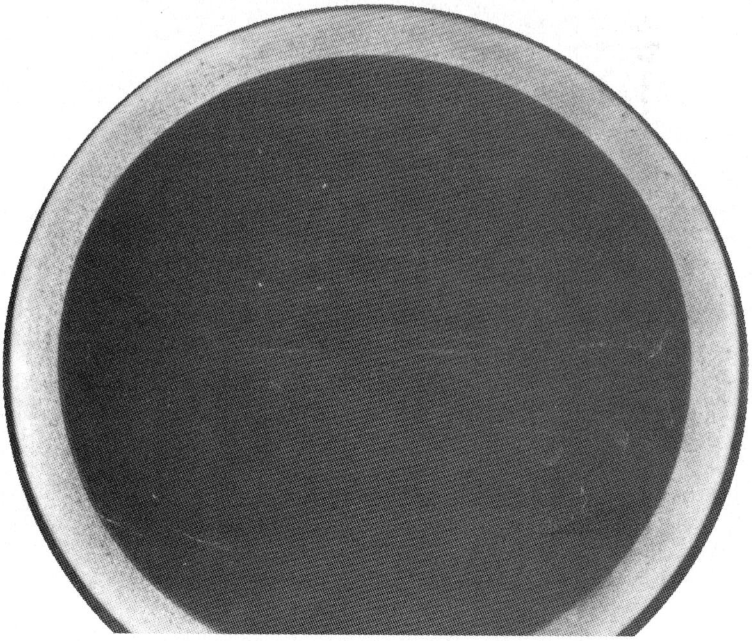

图 4-6　圆坯中的夹杂物

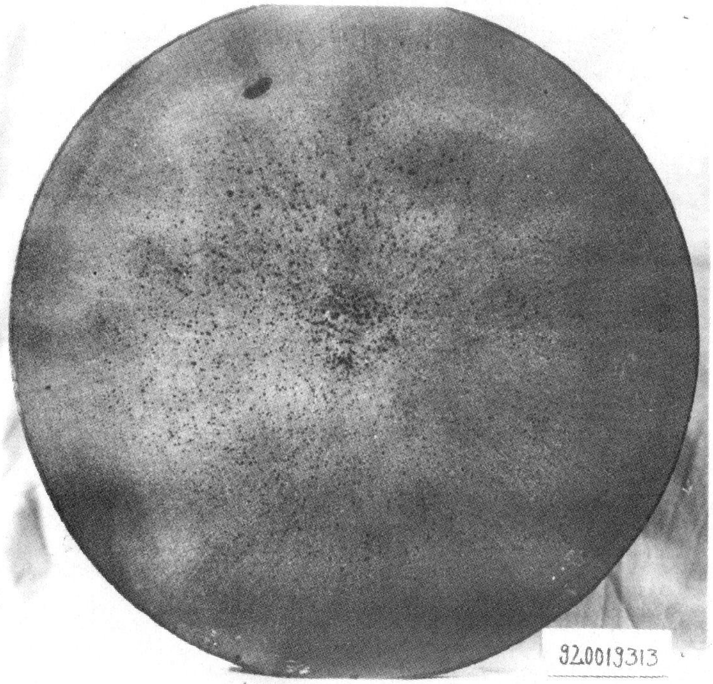

图 4-7　圆坯中的异金属夹杂物

图 4-8　硫印检验的分布在矩形坯整个检验面的夹杂物

5 气　　泡

气泡是连铸坯低倍检验上常出现的一种缺陷。由于钢水中能溶解部分气体，而凝固后的钢中基本不能溶解气体，因此连铸坯在凝固和冷却过程中要把气体排出来。当钢中 H_2、O_2 和 N_2 气体分压，p_{H_2}、p_{CO}、p_{N_2} 之和大于钢水静压力和大气压力之和时（钢中的氧以 CO 的方式排出），即：$p_{H_2}+p_{CO}+p_{N_2}>p_{钢}+p_{大气}$，钢中就会生成气泡。

钢水中的氧含量与炼钢工艺密切相关，钢水中的氧含量取决于钢中酸溶铝含量，小方坯连铸要求酸溶铝较低，钢水含氧量较高，因此，小方坯气泡缺陷出现较多；钢中氮含量与冶炼工艺有关，一般电炉钢较转炉钢氮含量高，铝、钛、铌等元素能与氮形成氮化物可以减少气体排出。

钢水静压力随拉速变化，有时拉速较低时出现气泡，拉速较高时，静压力上升快，气泡无法形成。

低倍检验中出现的气泡多在皮下，图 5-1～图 5-4 是 1～4 级皮下气泡图例。钢坯加热时有的气泡被氧化，轧制时造成结疤缺陷，如果气泡不被氧化，轧制时会被焊合，小方坯生产中这种情况较多，一般都不影响其钢材使用。图 5-5 是小方坯皮下气泡图例。

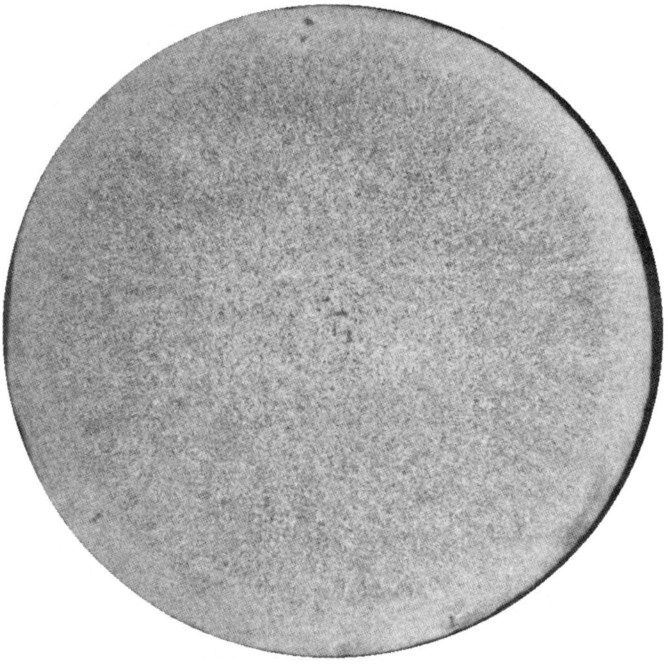

图 5-1　皮下气泡 1 级

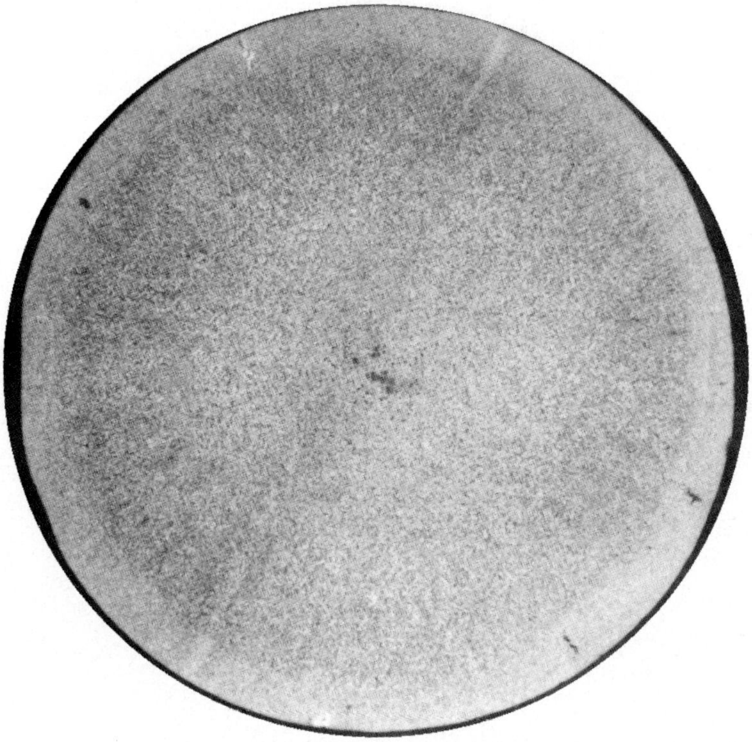

图 5-2　皮下气泡 2 级

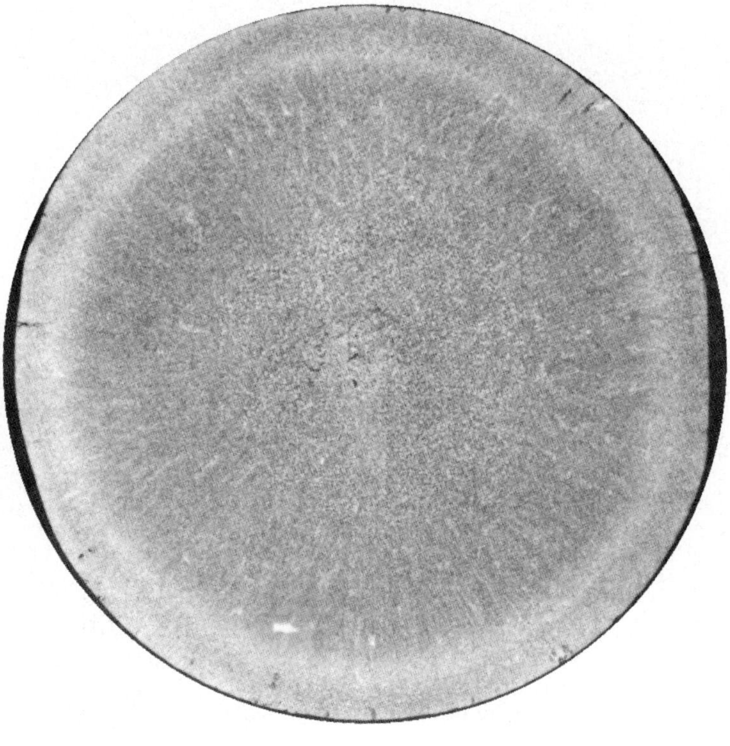

图 5-3　皮下气泡 3 级

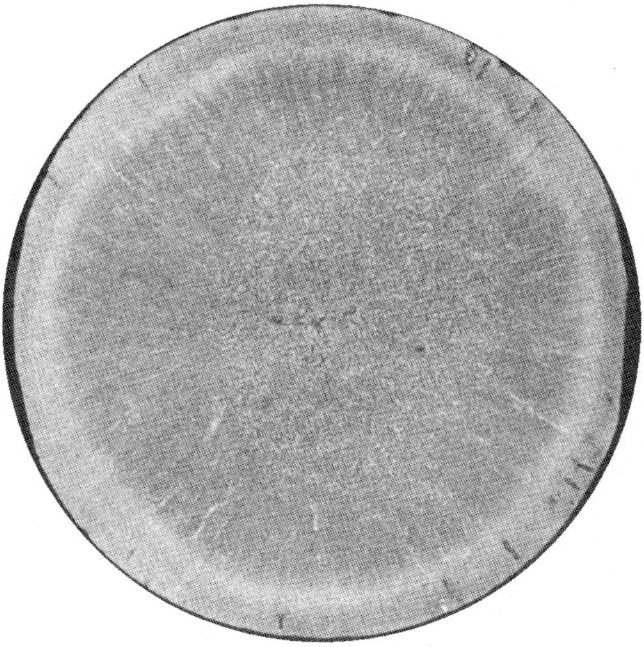

图 5-4　皮下气泡 4 级

a

b

图 5-5　小方坯皮下气泡

圆坯的中部气泡也称为中心疏松。图 5-6～图 5-9 是圆坯气泡 1～4 级的图例。

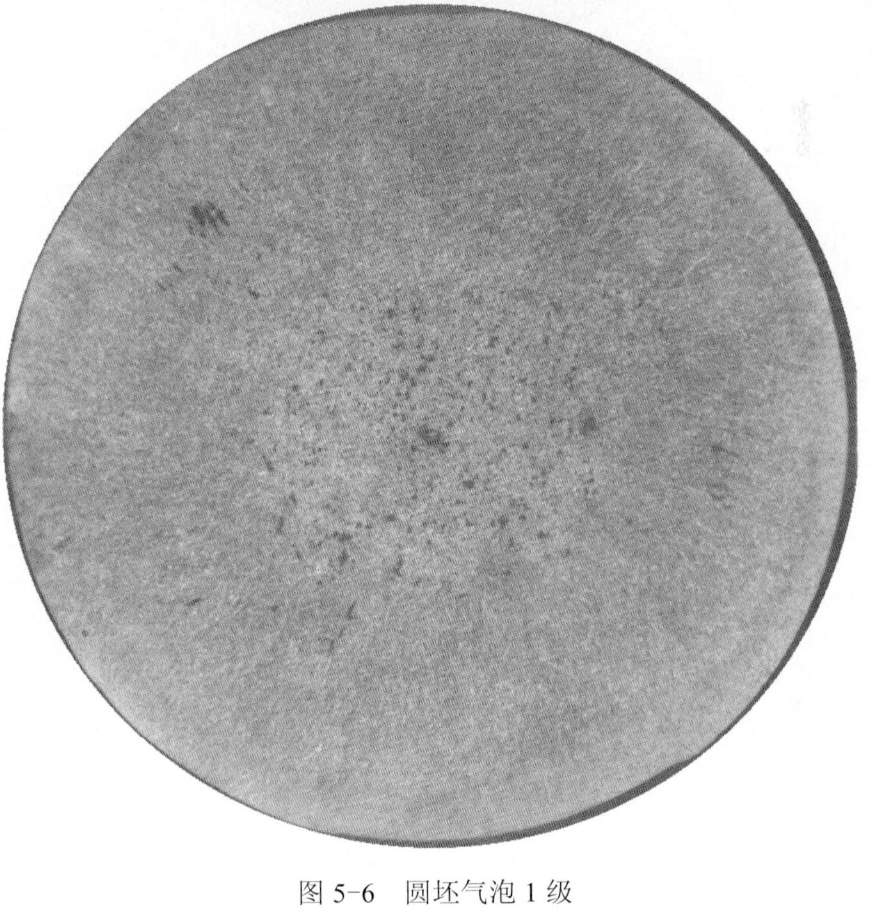

图 5-6　圆坯气泡 1 级

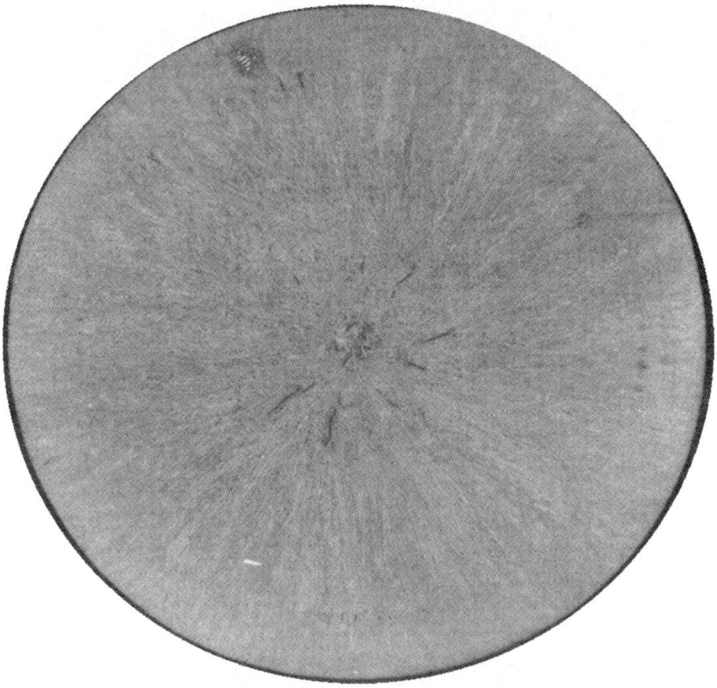

图 5-7　圆坯气泡 2 级

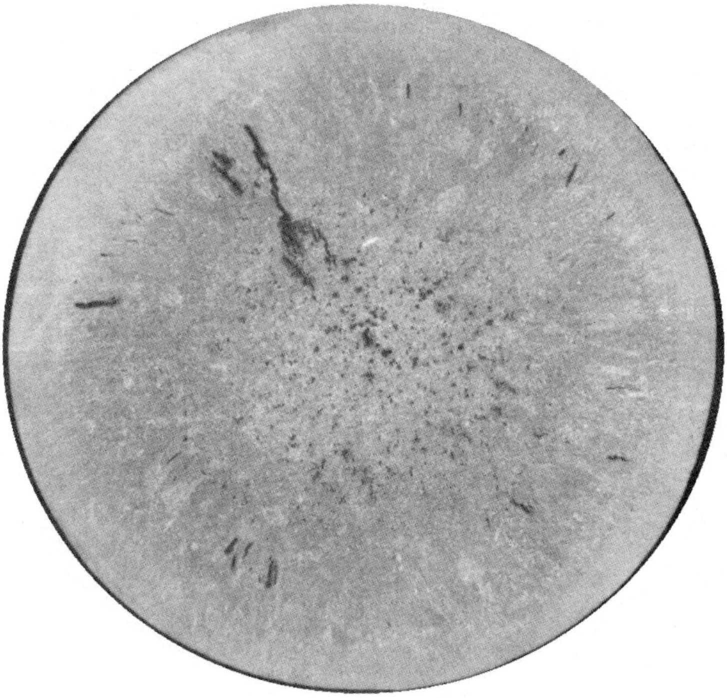

图 5-8　圆坯气泡 3 级

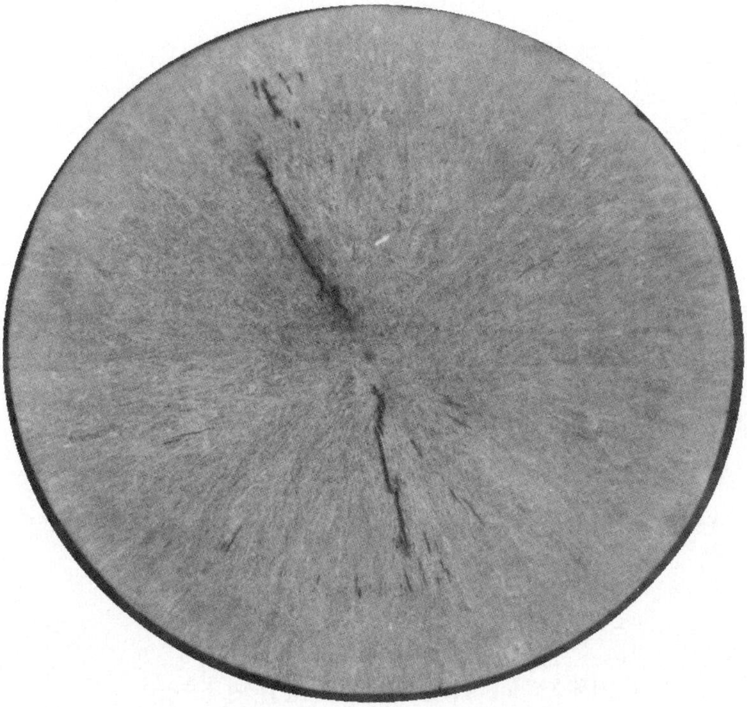

图 5-9 圆坯气泡 4 级

图 5-10 是火焰清理后见到的皮下气孔，图 5-11 和图 5-12 是圆坯皮下气泡图例。

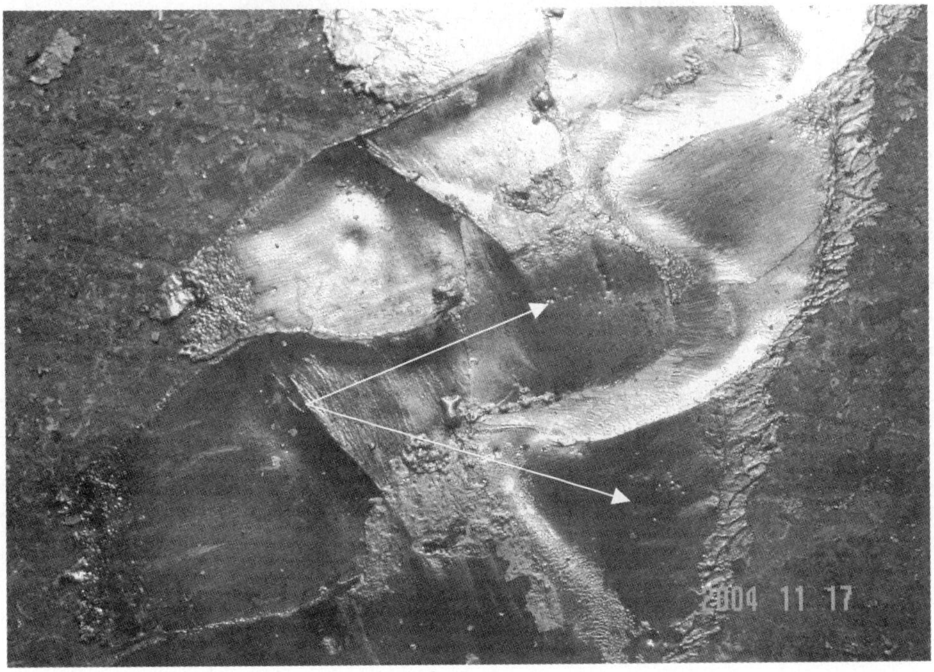

图 5-10 抽查出来的皮下气孔（经火焰清理）

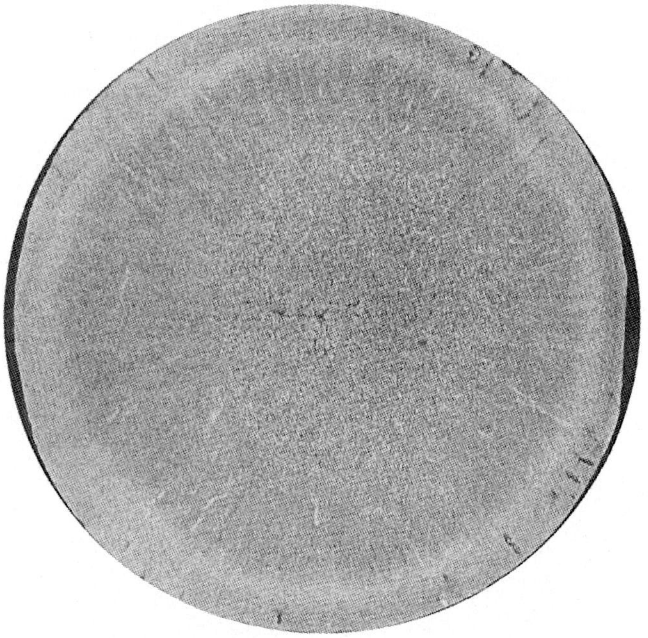

图 5-11　热酸蚀检验的圆坯皮下气泡

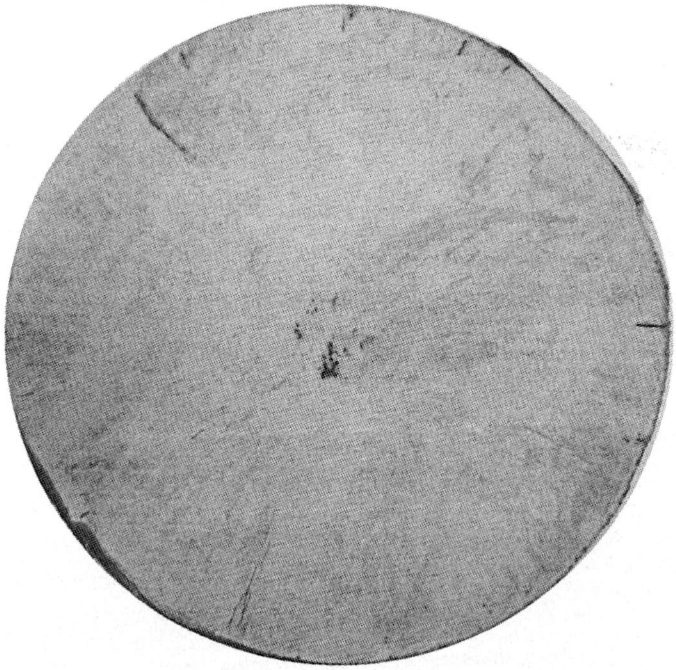

图 5-12　热酸蚀检验的圆坯皮下气泡和皮下裂纹

6 其他类型缺陷

连铸坯的其他类型缺陷如白亮带（见图 6-1 和图 6-2）、白点（见图 6-3 和图 6-4）、翻皮（见图 6-5）等，都是产生废品和次品的重要原因，不可轻视这些缺陷。

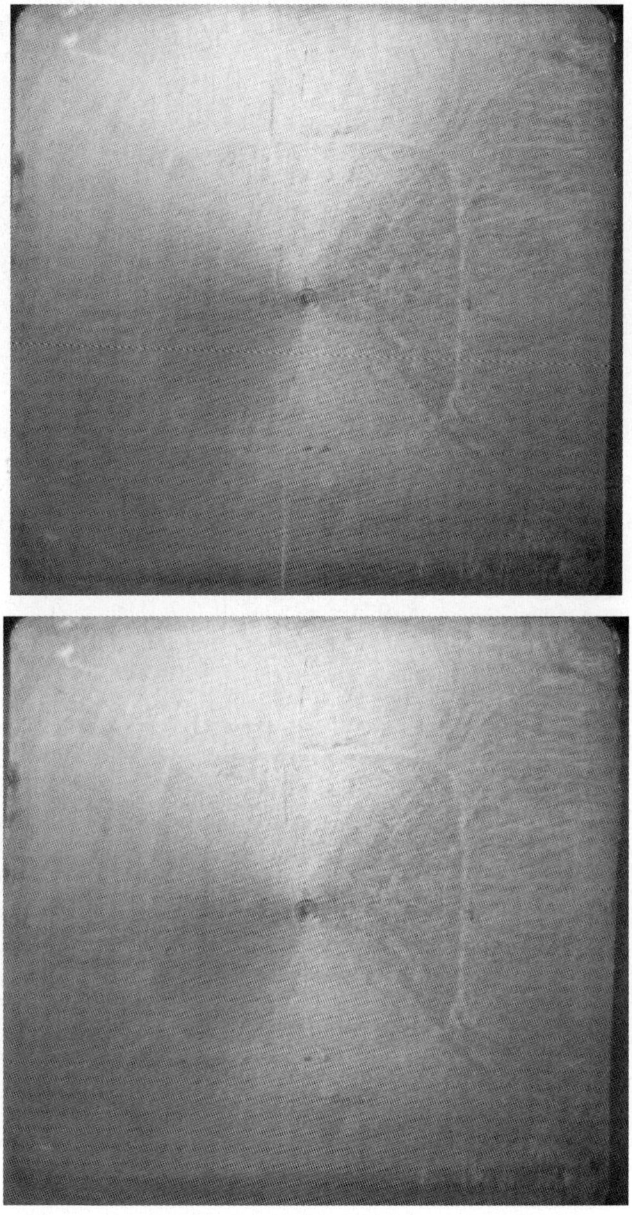

图 6-1 白亮带 I（电磁搅拌产生负偏析所致）

图 6-2　白亮带Ⅱ

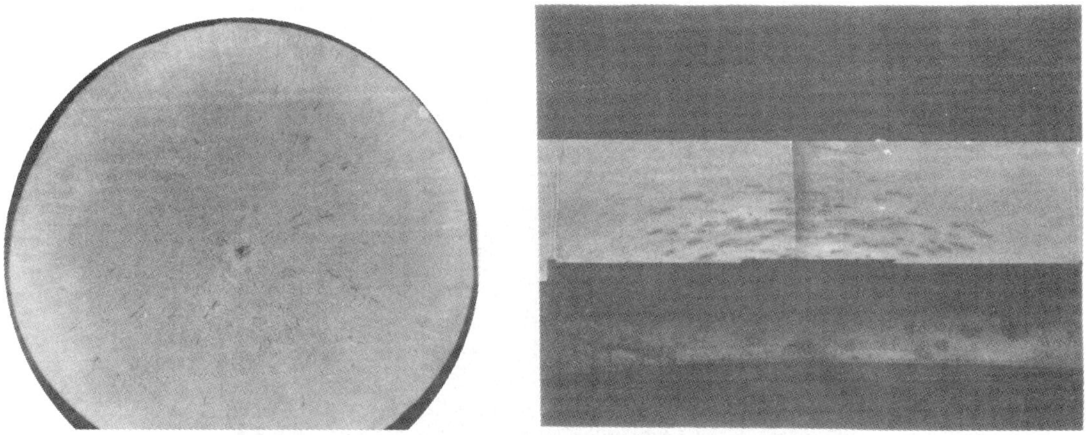

图 6-3　白点Ⅰ

图 6-4　白点Ⅱ（由于氢在固体钢析出产生的裂纹，在低倍上呈裂纹，在断口呈白点）

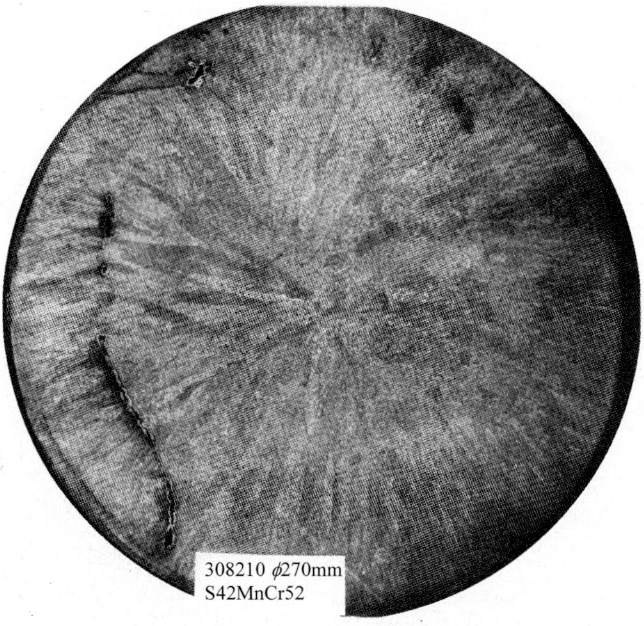

图 6-5　翻皮

7 连铸坯组织

连铸坯结晶组织是指连铸坯低倍检验试样上反映出的连铸坯结晶状况，一般称为连铸坯组织。通常连铸坯组织由三部分构成：表层的细晶粒结构、中间的柱状晶结构（又称为树枝晶）、中心的等轴晶结构。由于层与层之间存在不同厚度过渡带，因此各层的边界区分不能很精确，如图 7-1 所示。

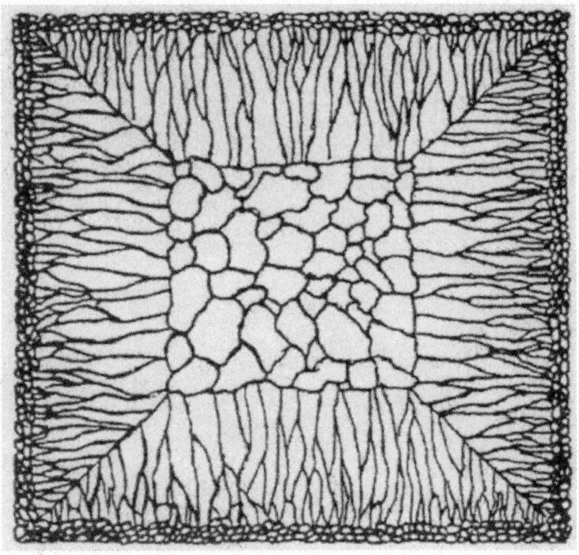

图 7-1　典型的结晶组织三个带示意图

连铸坯的组织对连铸坯质量有一定影响，连铸工作者试图通过控制连铸工艺改善铸坯组织。由于连铸坯的结晶组织是按传热、凝固特定规律生成不同的结晶体，因此通过观察低倍检验试样上的结晶结构可推断出连铸生产中的结晶和传热状况，进而优化连铸工艺。

综上所述，可以看出研究连铸坯组织是连铸技术发展的需要，这方面工作还开展得不够。此外，对在连铸坯组织的低倍试样的制作上也有更高的要求，这方面也还有许多工作要做。连铸坯组织结构控制的工作正在进行中，通过控制连铸生产工艺获得希望的连铸坯组织，这是一项很有意义的工作。

7.1　细小等轴晶带

连铸坯表皮下是一层细小的等轴带，其生成机理一般认为是，钢水进入结晶器后受到结晶器铜壁急剧冷却，局部有较大的过冷度，给大量形成晶核创造了条件，因而形成大量细小等轴晶带。由于细小等轴晶带对提高初生坯壳强度有较大影响，所以希望铸坯有一层较厚均匀细小的等轴晶带。实际生产中细小等轴晶带是不均匀的，它受到结晶器冷却条件、保护渣传热及钢水进入结晶的流场和温度场等因素影响，不同的铸坯细小等轴晶带厚度不相同，同一铸坯断面上不同位置的细小等轴晶带厚度也不一样。细小等轴带的厚度是否对初生坯壳的裂纹有影响还有不同的看法，从结晶器水模型和数学模拟的研究看，钢流冲击部位可能有重熔现象影响坯壳强度。

7.2 柱状晶带

连铸坯中部大部分是柱状晶带。在细小等轴晶带形成之后，由于连铸坯四面受到强冷却，铸坯内部就形成垂直四个面的定向传热，从边到液心形成一定的温度梯度，结晶在前沿定向生长形成柱状晶，相邻两柱状晶之间有二次晶及三次晶填充满。由于选分法结晶的作用在柱状晶生长的过程中把钢中元素的低熔点元素和夹杂物推到柱状晶前沿和两柱状晶之间，形成了偏析。偏析物的聚集使柱状晶之间和柱状晶前沿强度下降，当连铸坯受到应力作用时首先在这些部分出现裂纹，因此柱状晶过度发展形成粗大的柱状晶是不希望的。

钢水温度高，连铸坯受到冷却强度大，都能促进柱状晶发展。钢中硫化物等低熔点化合物含量高时容易在柱状晶之间出现裂纹。有的铸坯柱状晶非常发展，一直生长到铸坯中心，形成穿晶结晶。钢的热导率低，铸坯内外温差大，促进柱状晶发展，如硅钢、不锈钢柱状晶都较发达。

7.3 等轴晶带

连铸生产过程中，连铸坯随着柱状晶发展，传热减缓，温度梯度减小，中心钢液温度逐渐趋于均匀，同时钢水流动把一些折断的枝晶及结晶形核核心物带到钢液中，这些条件促成了中心部分等轴晶的形成。等轴晶形成过程使偏析物和夹杂物分散，从而降低了偏析的有害影响，所以对铸坯来说，都希望通过扩大中心等轴晶来减少偏析。铸坯拉速高、冷却强度大时等轴晶形成困难，有时甚至不出现等轴晶，形成完全是柱状晶的所谓穿晶结构，见图 7-2～图 7-4。

对于大方坯，拉速较低，较容易形成中心等轴晶。有一些钢种在铸坯质量上要求一定比例的等轴晶，对薄板坯和小方坯由于拉速较高一般不提出这样的要求。采用电磁搅拌，使钢水温度均匀，能促进等轴晶形成，效果是显著的，在许多大方坯连铸机上都采用电磁搅拌装置，促进中心等轴晶生成。

图 7-5～图 7-7 展示了板坯的结晶组织。图 7-8～图 7-18 是不同等轴晶率时的方坯结晶组织。

图 7-2　穿晶 I（几乎没有中心等轴晶）

图 7-3　穿晶 II（几乎没有中心等轴晶）

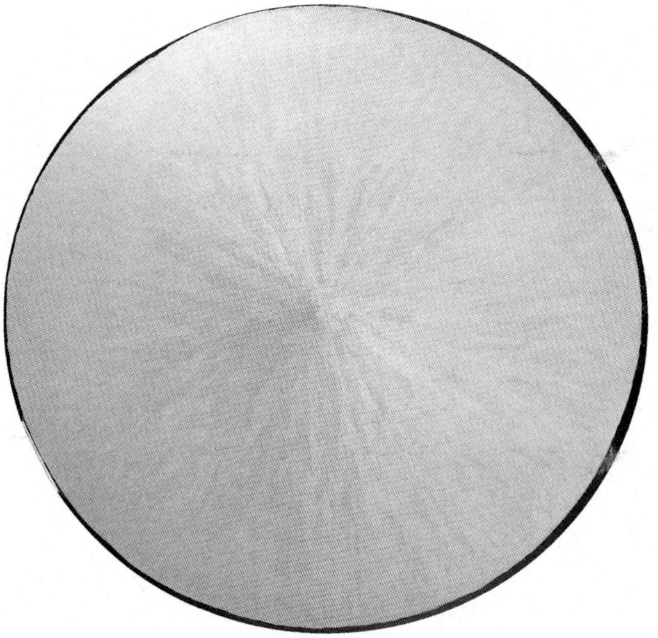

图 7-4　穿晶Ⅲ（不锈钢没有中心等轴晶）

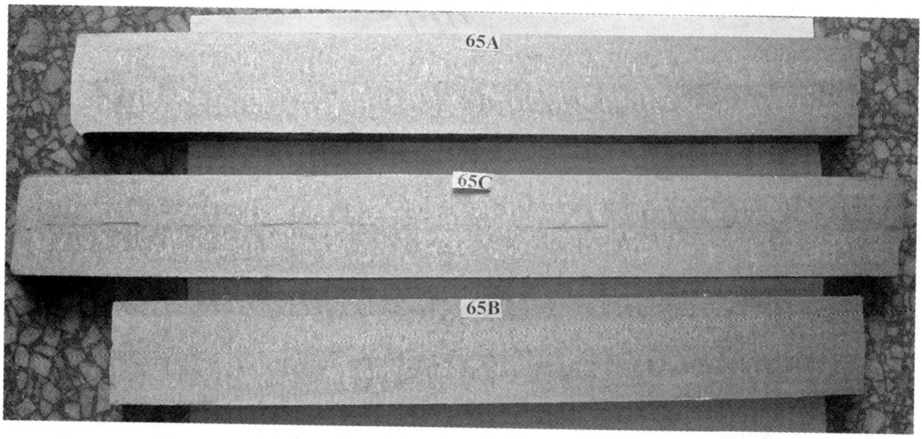

图 7-5　板坯的结晶组织Ⅰ（边部、中部、边部）

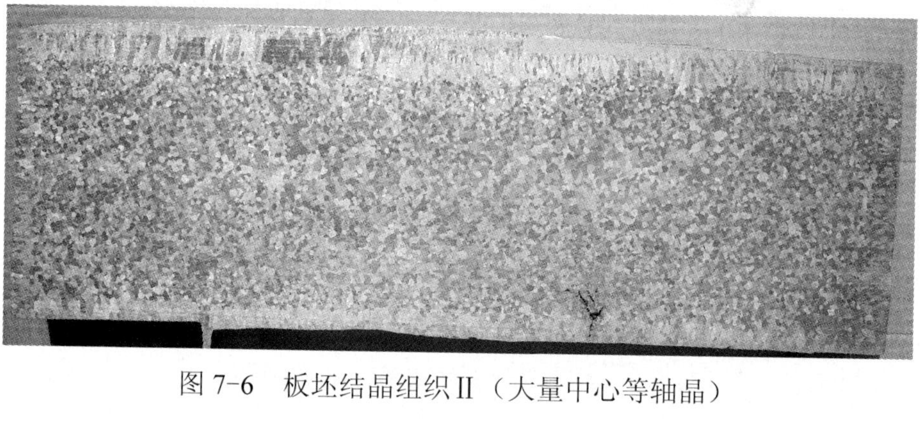

图 7-6　板坯结晶组织Ⅱ（大量中心等轴晶）

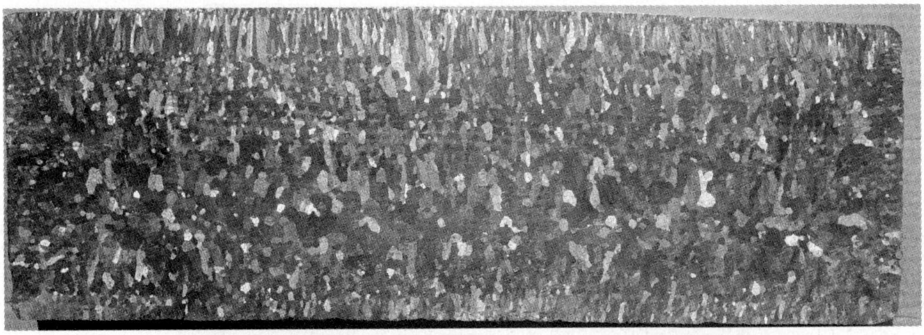

图 7-7　板坯结晶组织Ⅲ（大量中心等轴晶）

图 7-8　方坯结晶组织Ⅰ（有明显的三个结晶带及过渡带）

图 7-9　方坯结晶组织Ⅱ

图 7-10　方坯结晶组织III（有显著的三个结晶带及过渡带）

42CrMo 钢，等轴晶率为 34.55%

S20C 钢，等轴晶率 35.56%

图 7-11　方坯结晶组织IV（显著的中心等轴晶）

图 7-12　等轴晶率为 40.91%的 20 号钢大方坯结晶组织

图 7-13　等轴晶率为 38%的 20Mn 钢方坯结晶组织

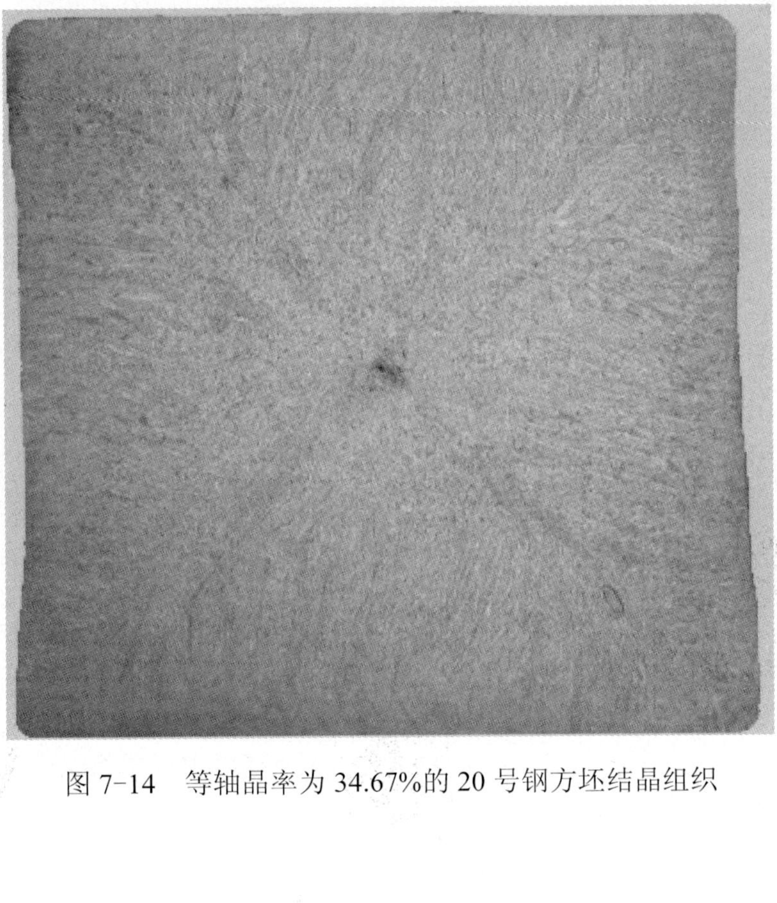

图 7-14　等轴晶率为 34.67%的 20 号钢方坯结晶组织

图 7-15　等轴晶率为 36.67%的 20 号钢方坯结晶组织

图 7-16　等轴晶率为 32.90%的 45 号钢方坯结晶组织

图 7-17　等轴晶率为 22.90%的中碳钢方坯结晶组织

图 7-18　等轴晶率为 30.67%的 40Cr 钢方坯结晶组织

8 连铸坯缺陷图谱

8.1 皮下裂纹（图 8-1～图 8-2）

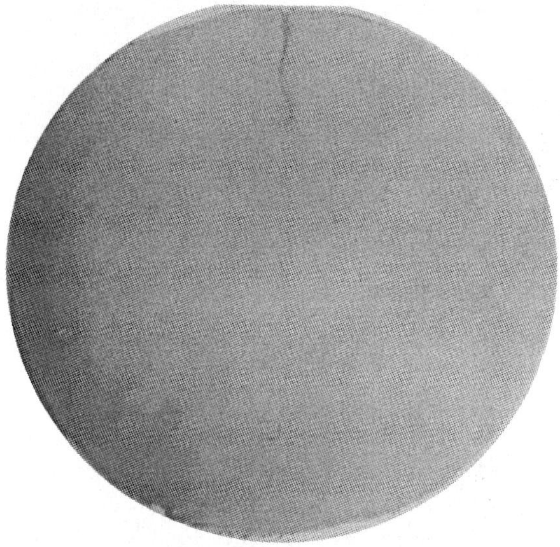

图 8-1 热酸蚀检验的圆坯皮下裂纹

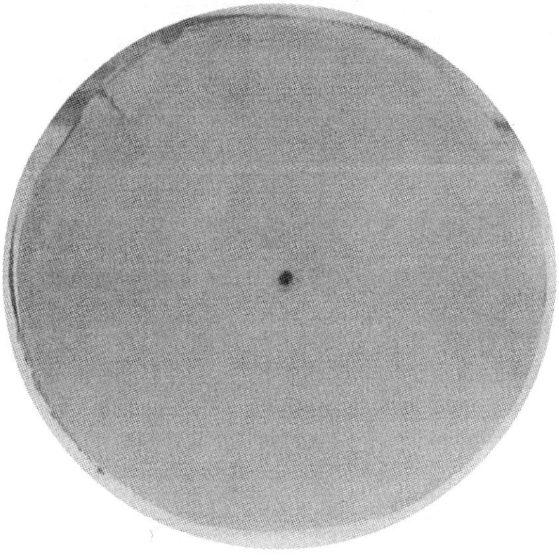

图 8-2 热酸蚀检验的圆坯中心缩孔和皮下裂纹

8.2 中间裂纹（图 8-3～图 8-12）

图 8-3　中间裂纹 1 级

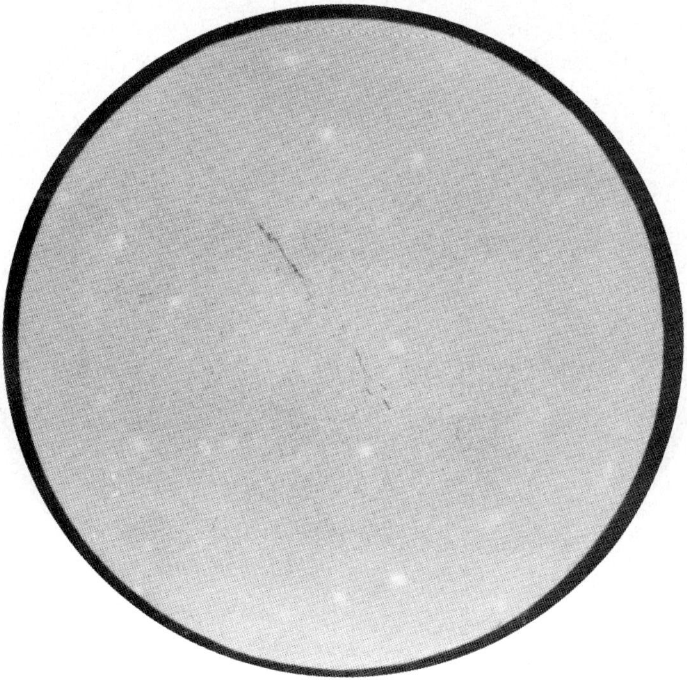

图 8-4　中间裂纹 2 级

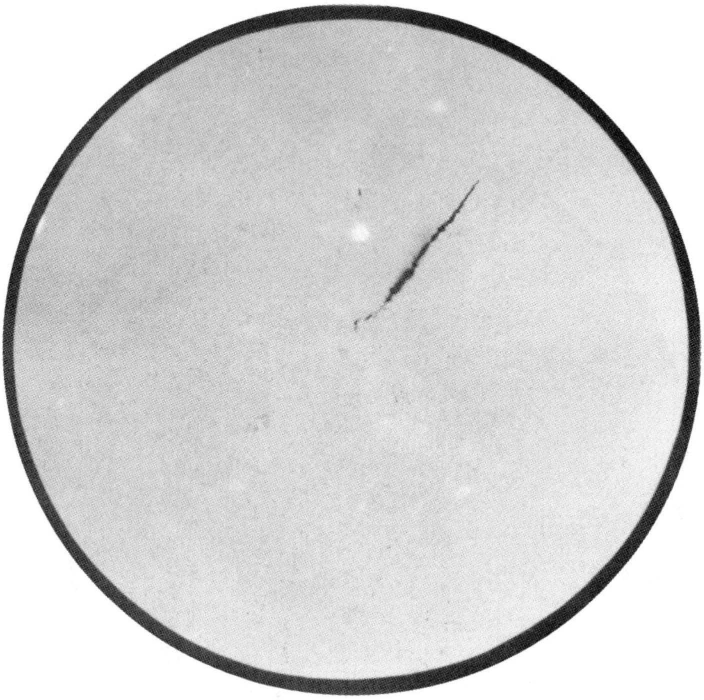

图 8-5　中间裂纹 3 级

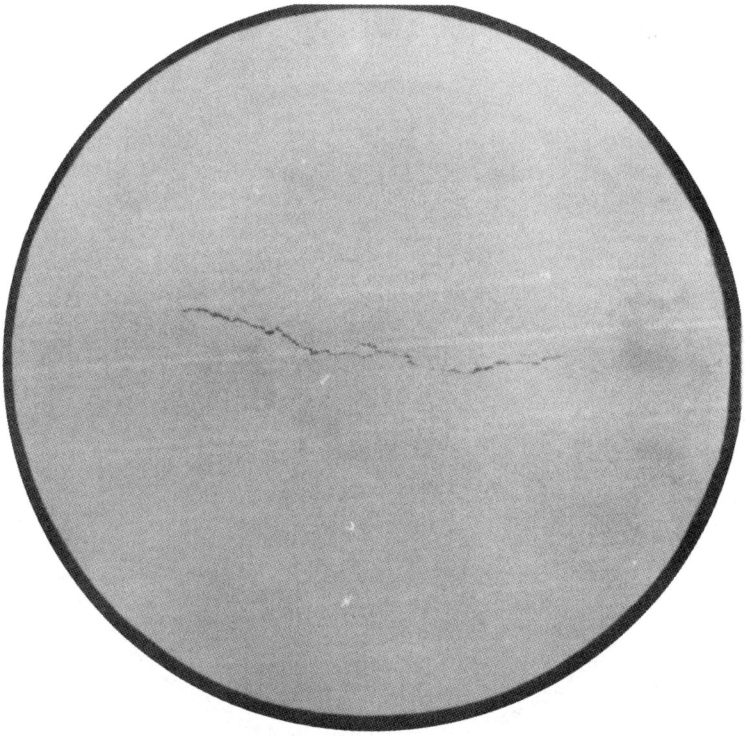

图 8-6　中间裂纹 4 级

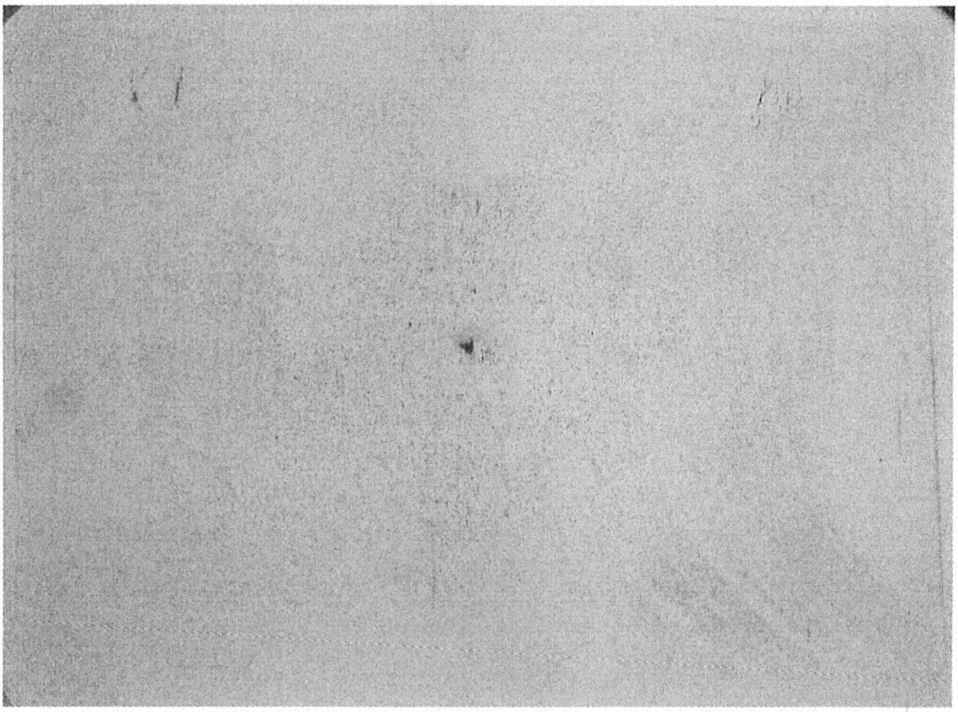

图 8-7　硫印检验的中间裂纹

图 8-8　热酸蚀检验的中间裂纹

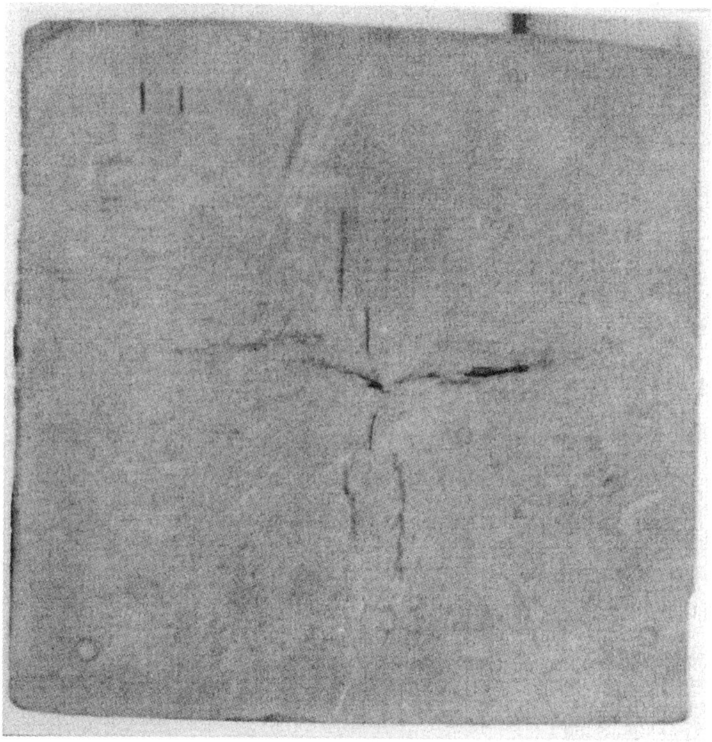

图 8-9　热酸蚀检验的小方坯中心裂纹、中间裂纹和角部裂纹

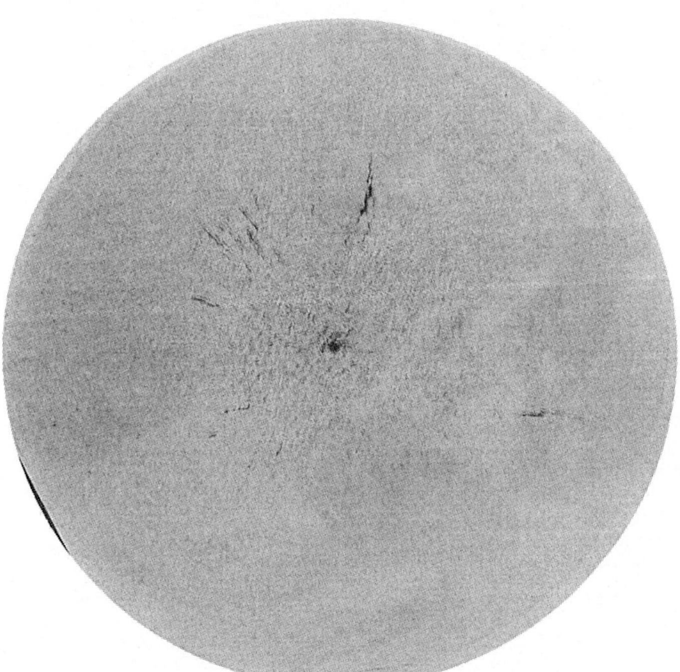

图 8-10　硫印检验的圆坯中间裂纹

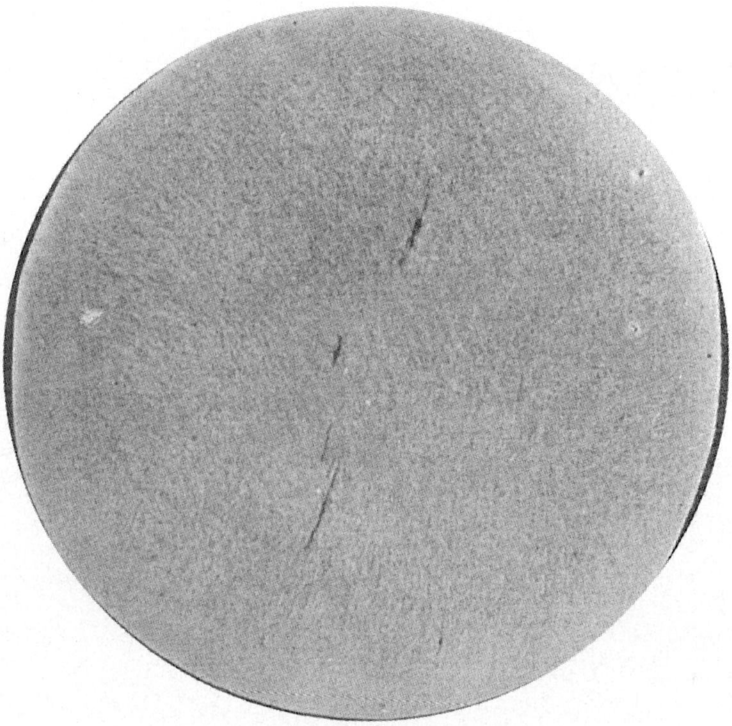

图 8-11　热酸蚀检验的大圆坯中间裂纹

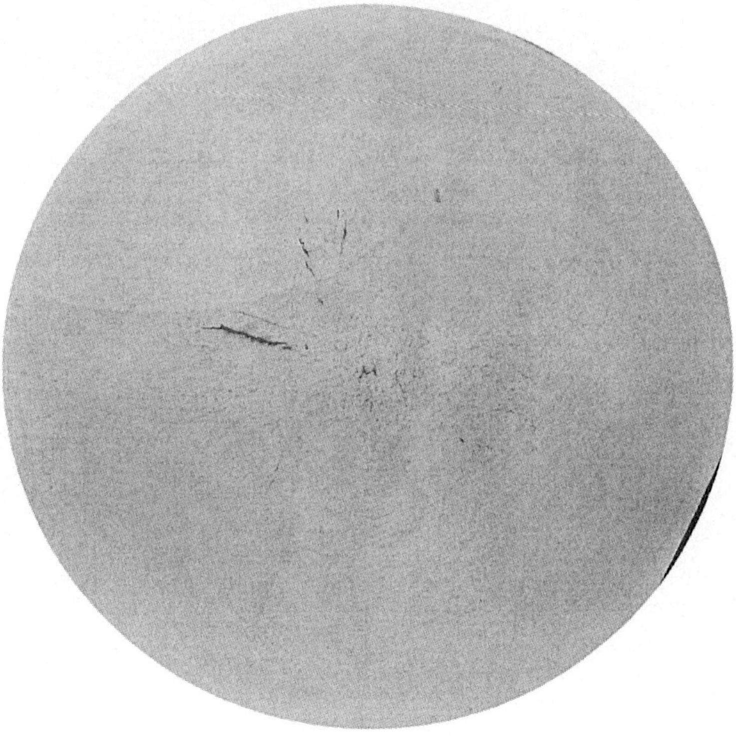

图 8-12　硫印检验的大圆坯中间裂纹

8.3 角部裂纹（图 8-13）

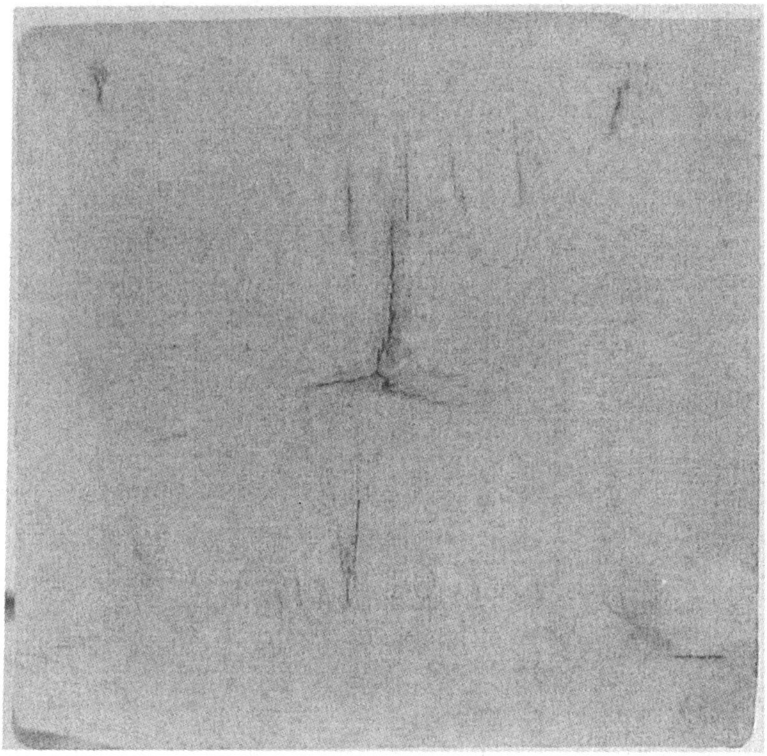

图 8-13 热酸蚀检验的小方坯中心裂纹、中间裂纹和角部裂纹

8.4 三角区裂纹（图 8-14～图 8-15）

图 8-14 中心裂纹、夹杂物和三角区裂纹

图 8-15　热酸蚀检验的中心偏析和三角区裂纹

8.5　中心疏松和中心缩孔（图 8-16～图 8-31）

图 8-16　硫印检验的矩形坯中心缩松（伴随夹杂物）

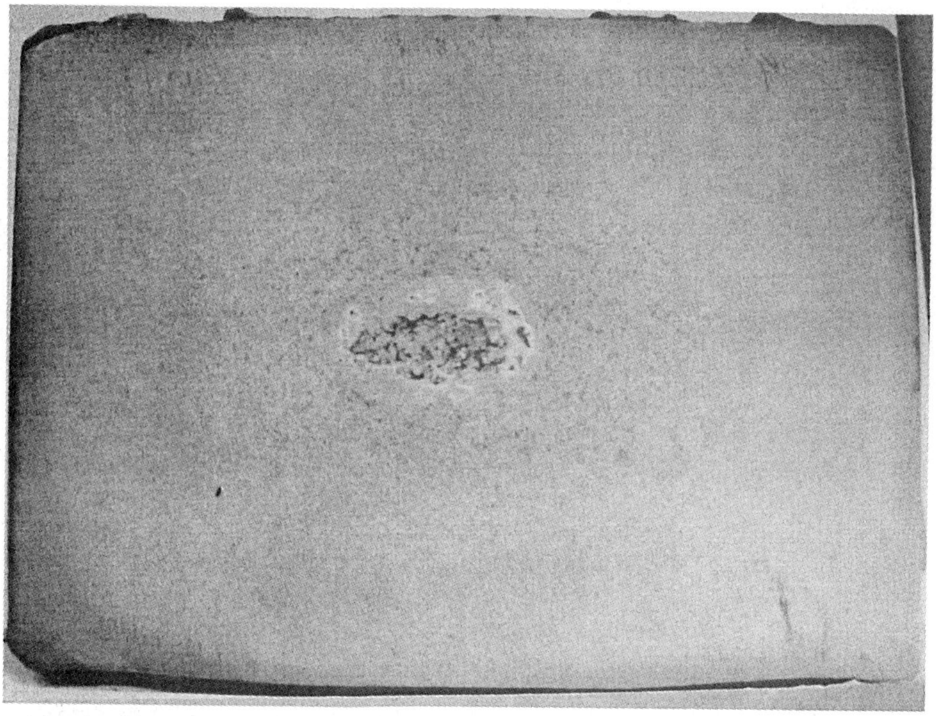

图 8-17　热酸蚀检验的矩形坯中心缩孔和中间裂纹

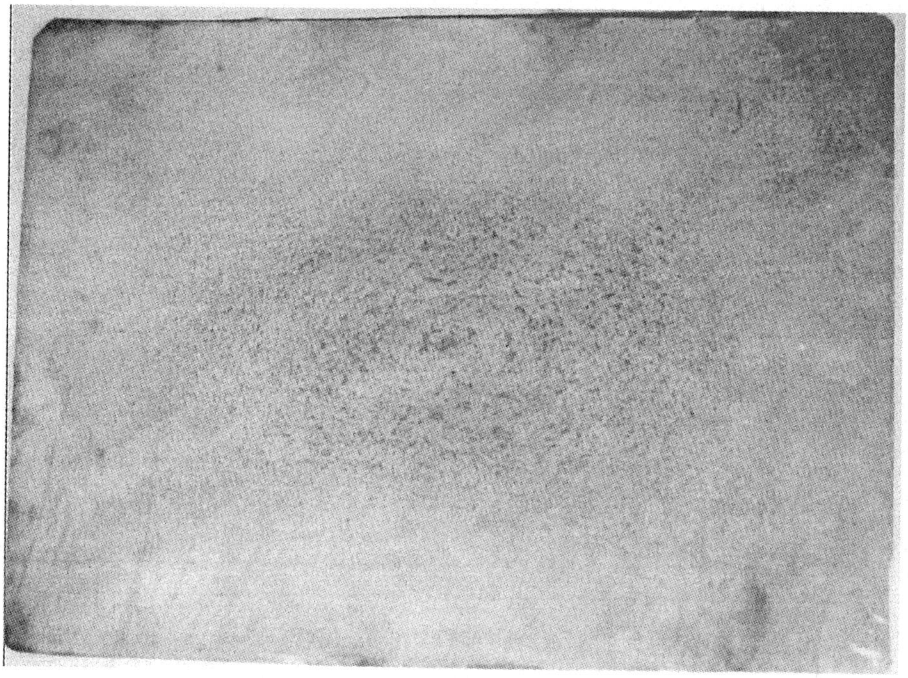

图 8-18　热酸蚀检验的矩形坯中心疏松

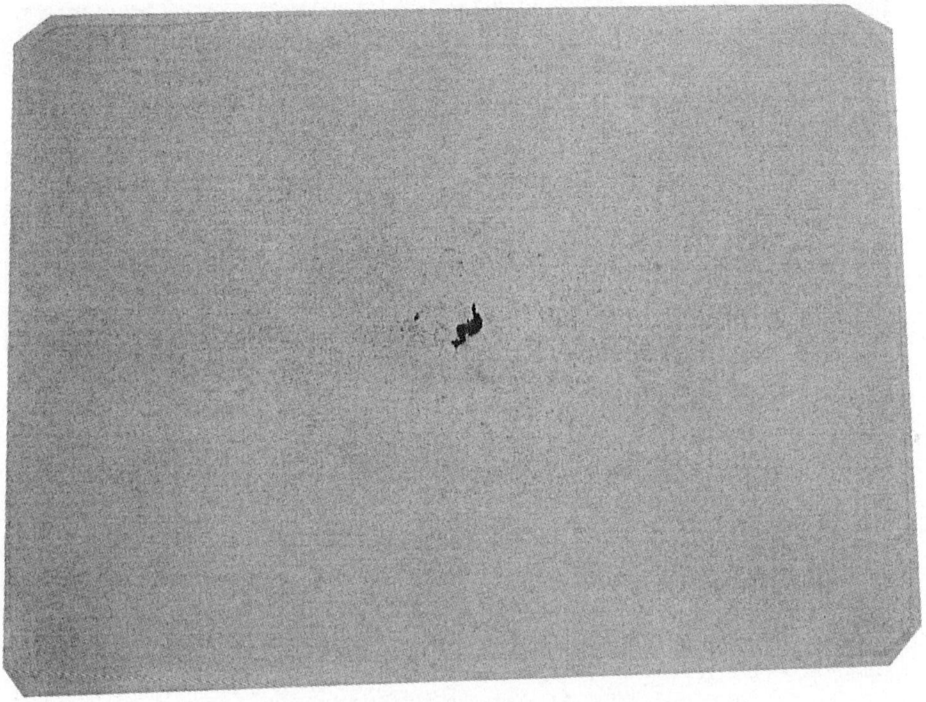

图 8-19　硫印检验的矩形坯中心缩孔

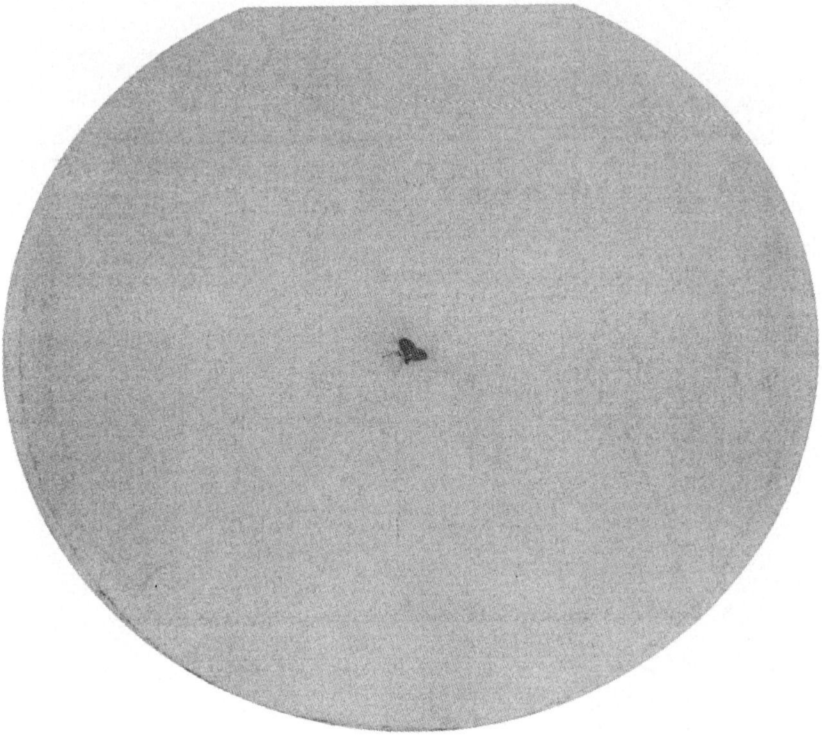

图 8-20　硫印检验的圆坯中心缩孔

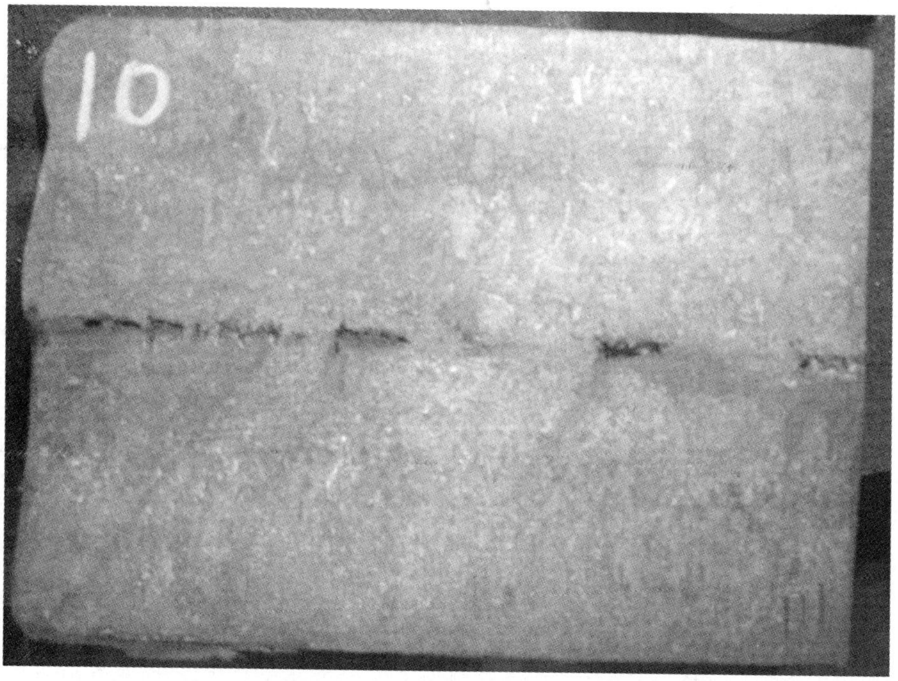

图 8-21　中心疏松及中心缩孔

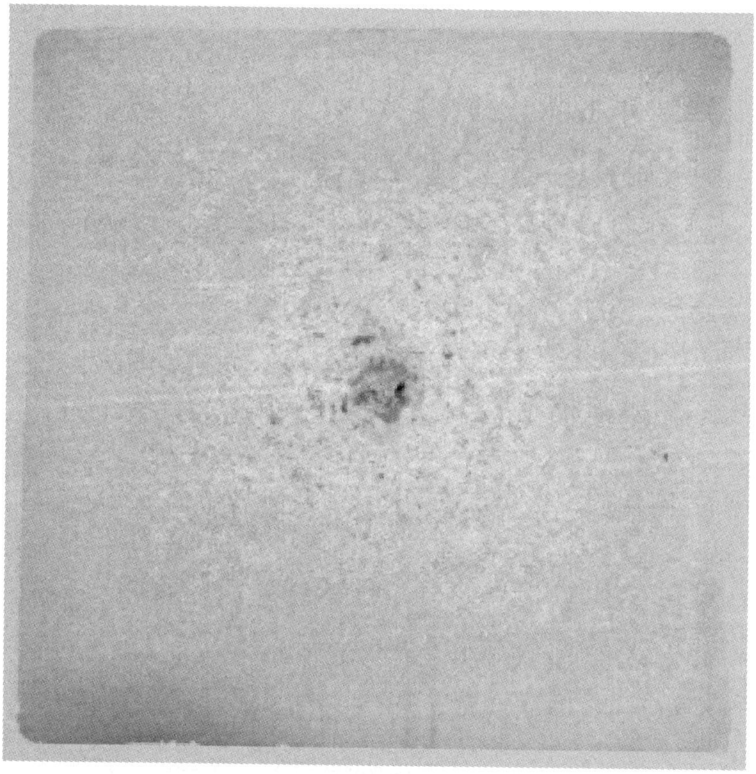

图 8-22　GCr15 钢中心缩孔 2 级（3×2）和中心疏松

图 8-23　GCr15 钢中心缩孔 1.5 级（1.5×3）和中心疏松

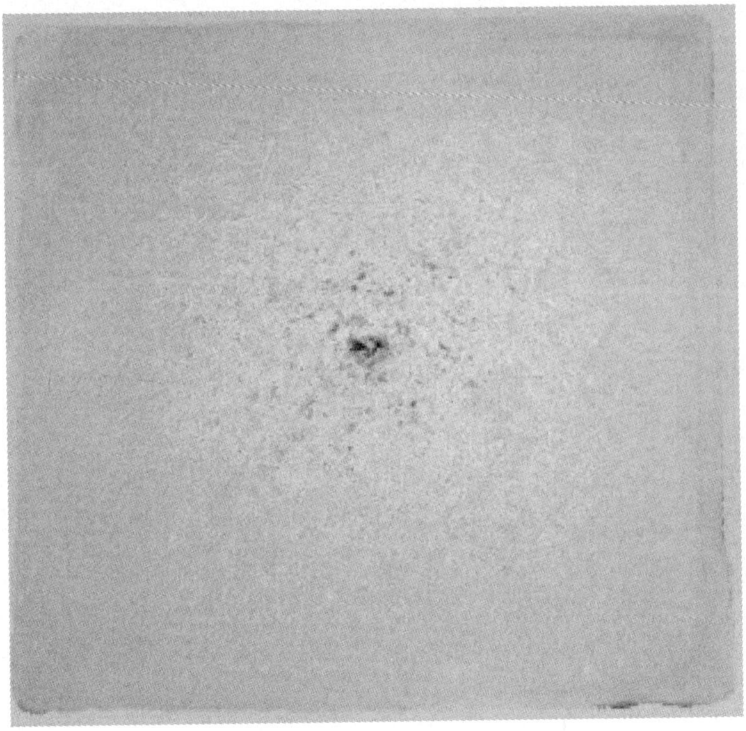

图 8-24　GCr15 钢中心缩孔 2 级（2.5×2）和中心疏松

图 8-25　GCr15 钢中心缩孔 0.5 级（1×0.5）和中心疏松

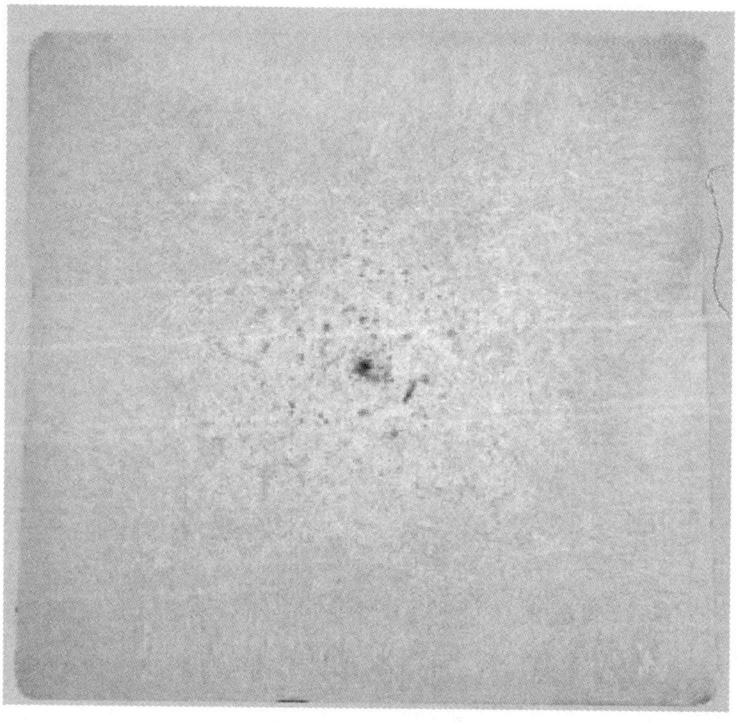

图 8-26　GCr15 钢中心疏松

图 8-27　GCr15 钢中心疏松 2 级（2×2）

图 8-28　20CrMnTi 钢中心缩孔

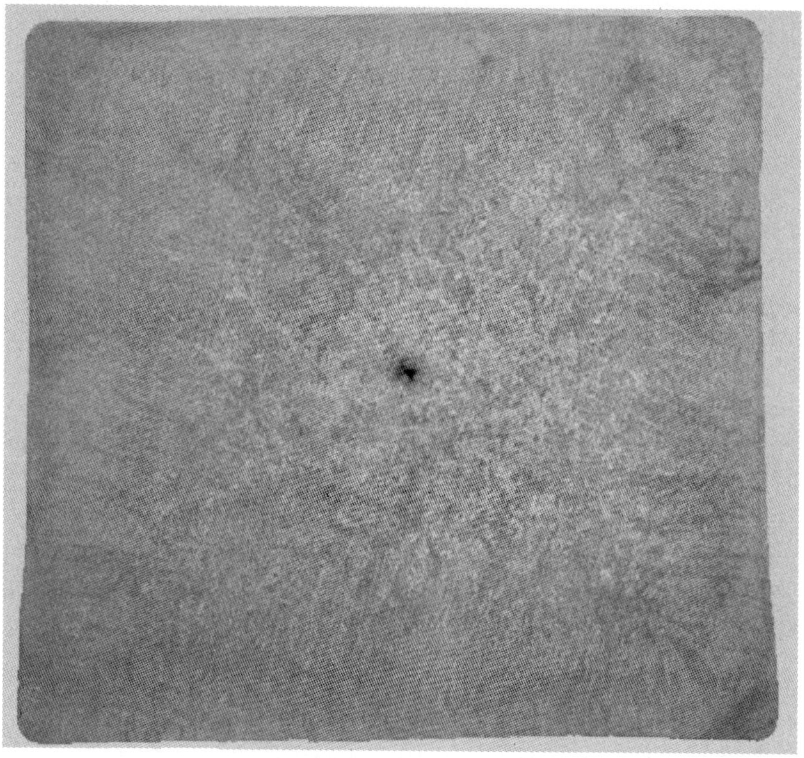

图 8-29　45 号钢中心缩孔

图 8-30　20 号钢中心缩孔

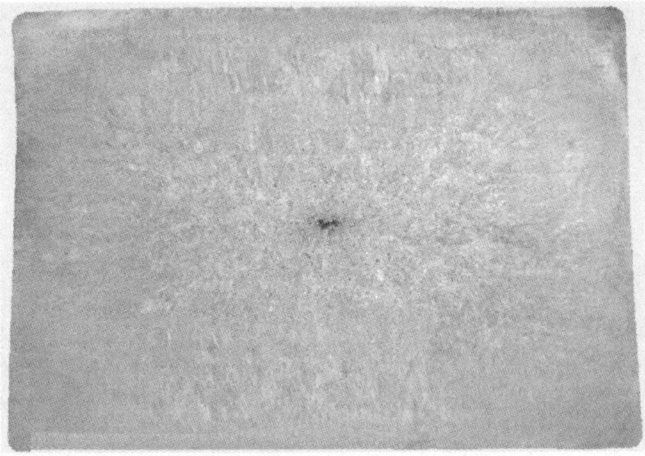

图 8-31　20CrMnTi 钢中心缩孔

8.6　中心偏析（图 8-32～图 8-42）

图 8-32　板坯中心偏析全貌

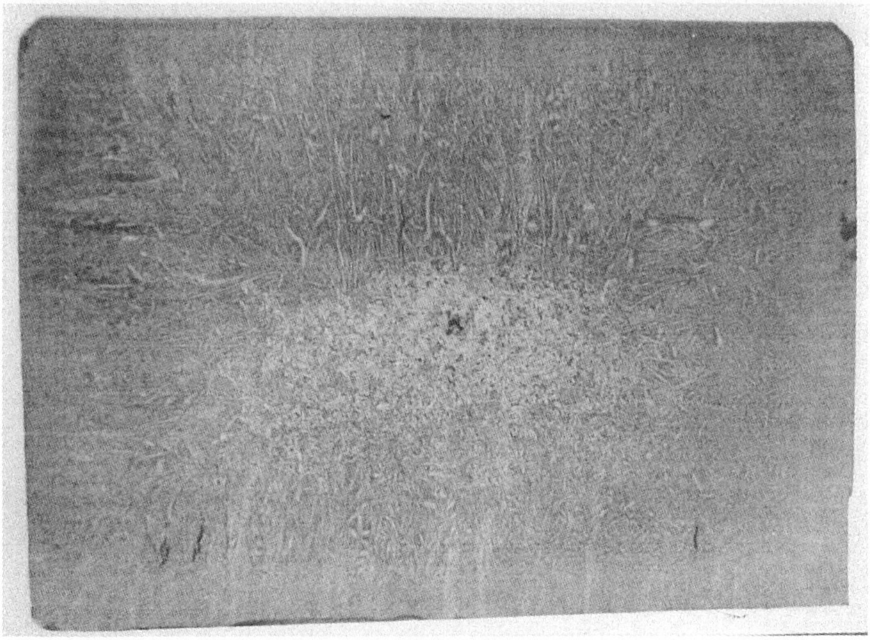

图 8-33　热酸蚀检验的中心偏析和中心疏松

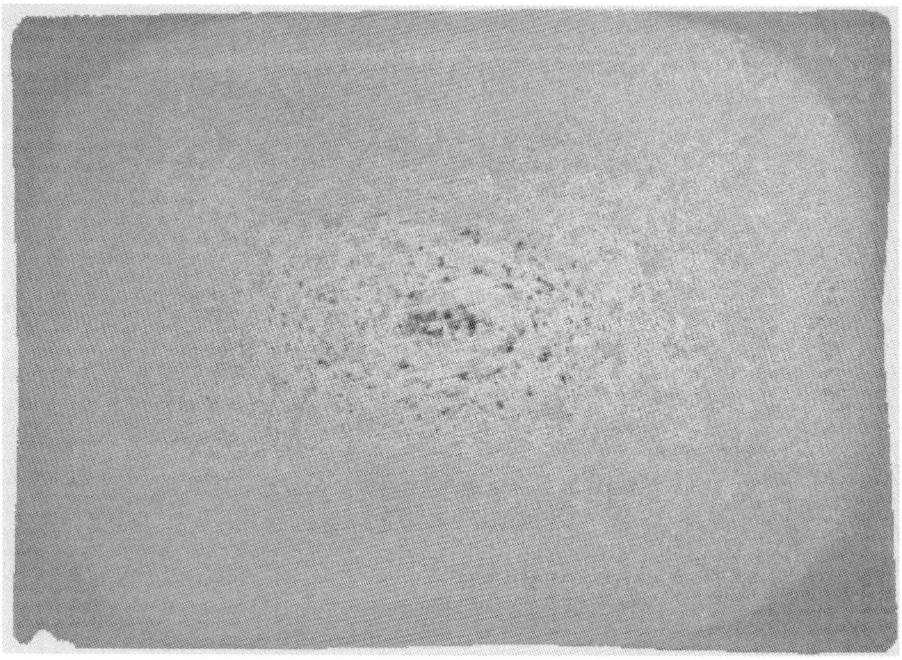

图 8-34　GCr15 钢矩形坯中心偏析

图 8-35　20 号钢中心偏析

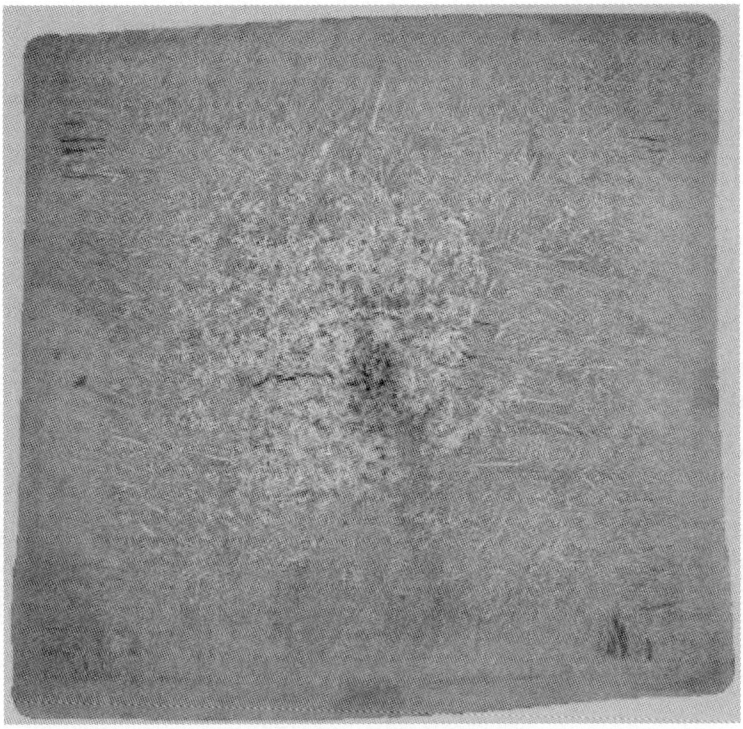

图 8-36　45 号钢中心偏析

图 8-37　GCr15 钢中心偏析

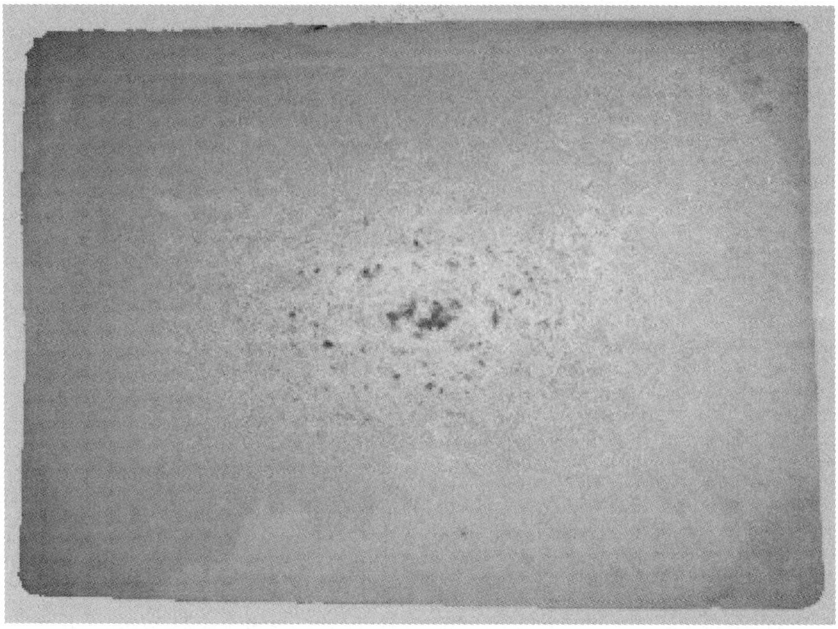

图 8-38　GCr15 钢矩形坯中心偏析

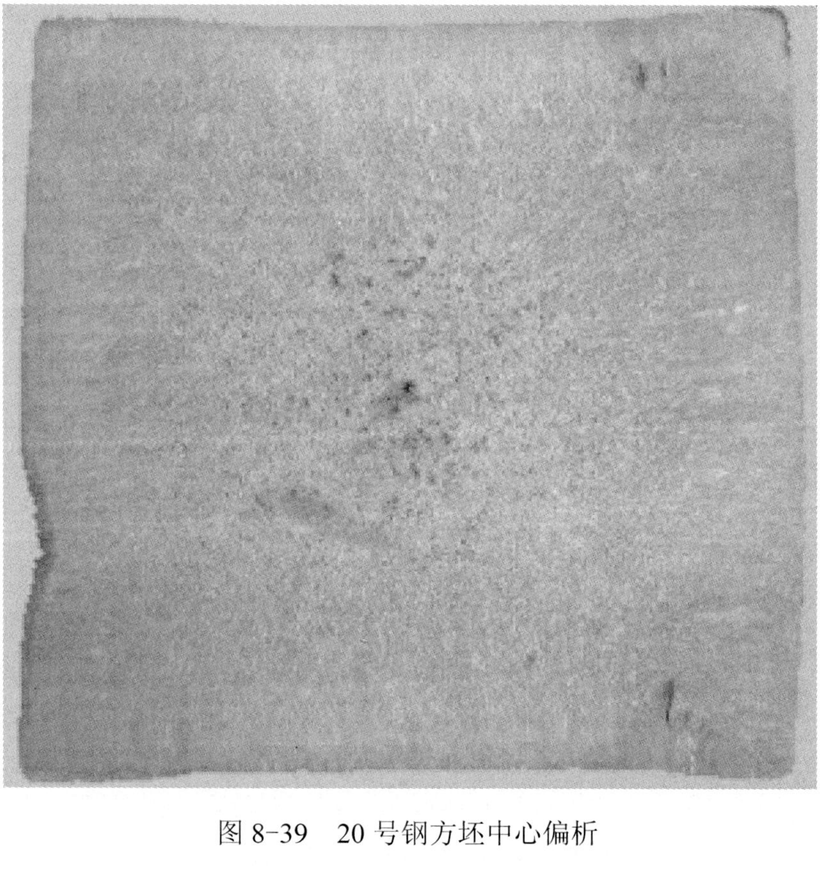

图 8-39　20 号钢方坯中心偏析

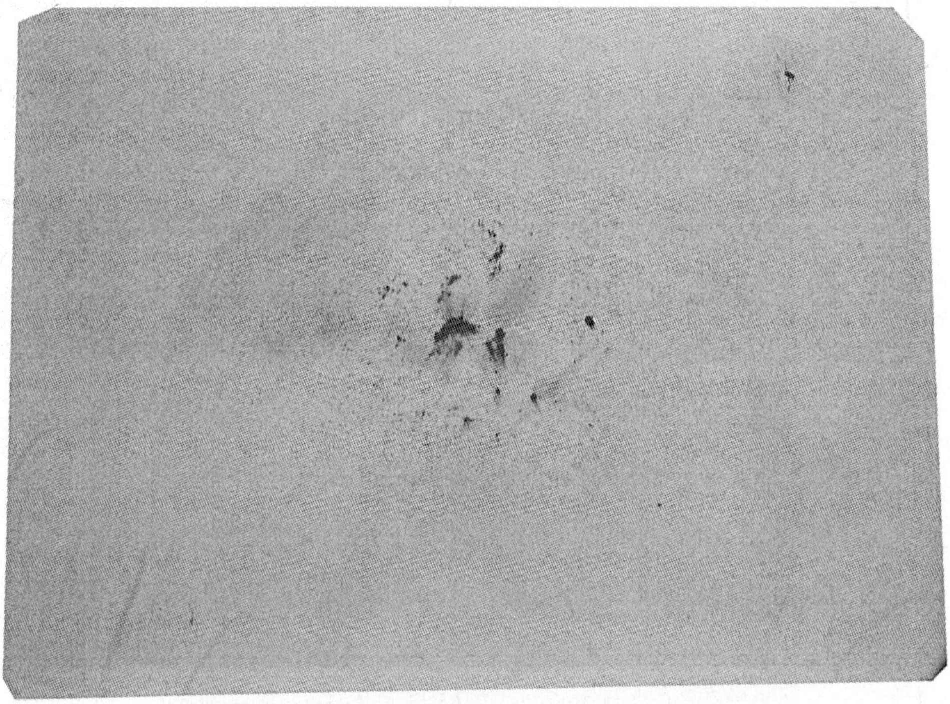

图 8-40　硫印检验的矩形坯中心偏析和中心裂纹

图 8-41　热酸蚀检验的板坯中心偏析（伴有三角区裂纹）

图 8-42　热酸蚀检验的板坯中心偏析

8.7 中心裂纹（图 8-43～图 8-58）

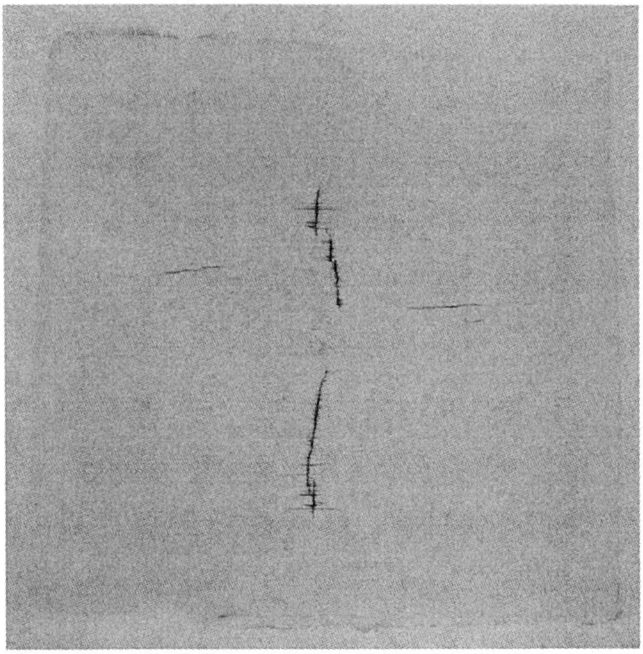

图 8-43　硫印检验的小方坯中心裂纹

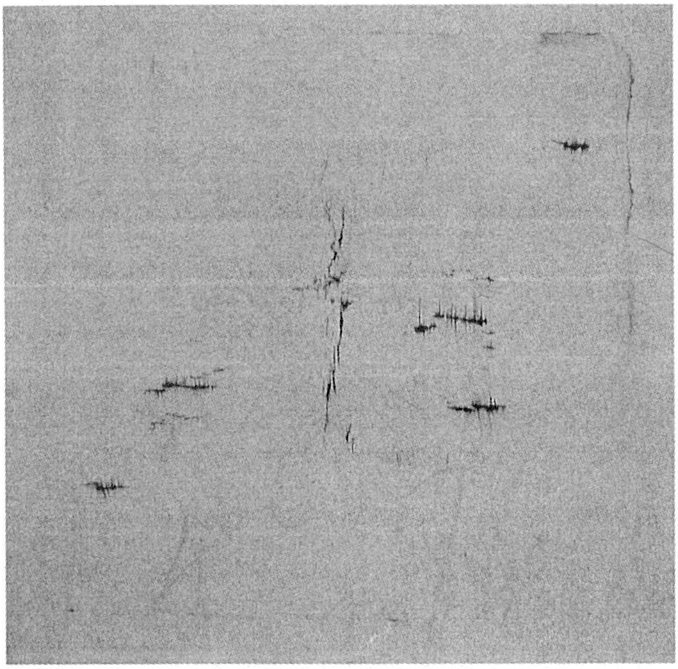

图 8-44　硫印检验的小方坯中心裂纹（伴有中间裂纹）

图 8-45　硫印检验的中心裂纹

图 8-46　热酸蚀检验的中心裂纹

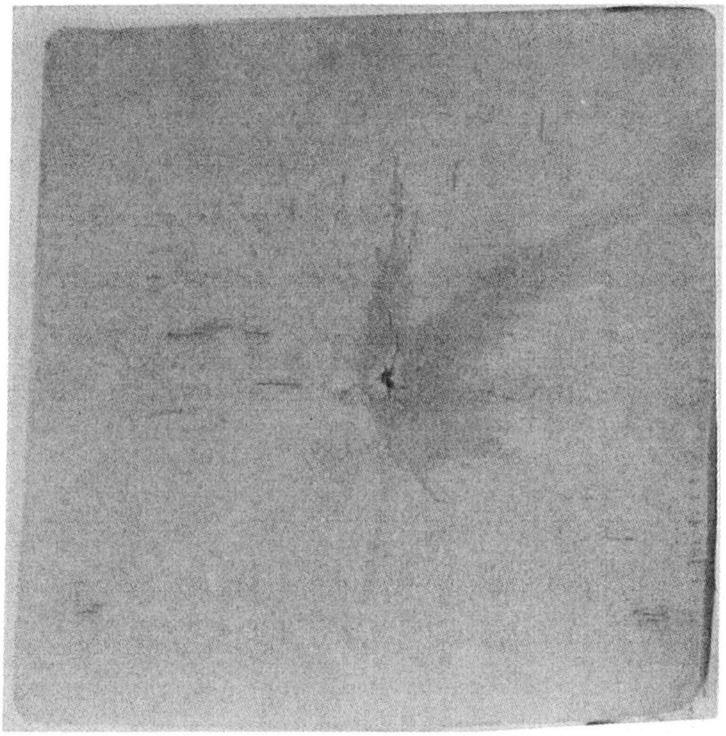

图 8-47 热酸蚀检验的小方坯中心裂纹和皮下气泡

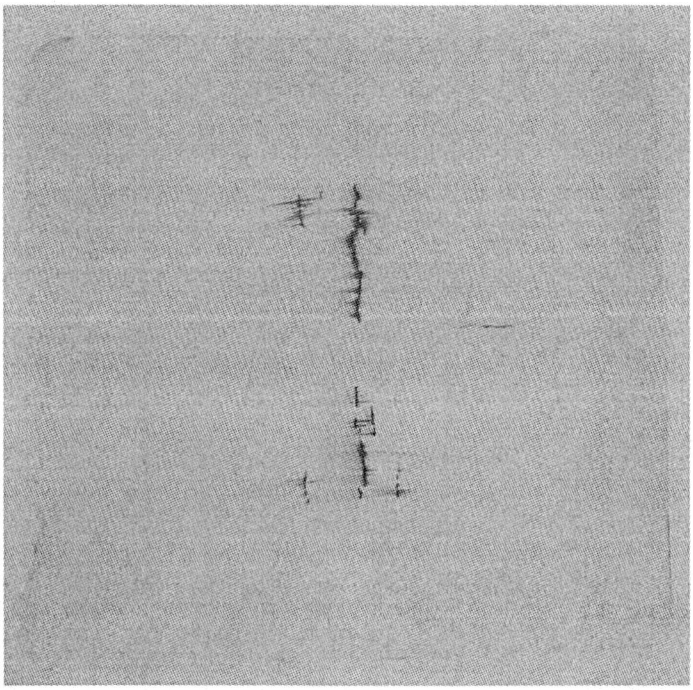

图 8-48 硫印检验的小方坯中心裂纹

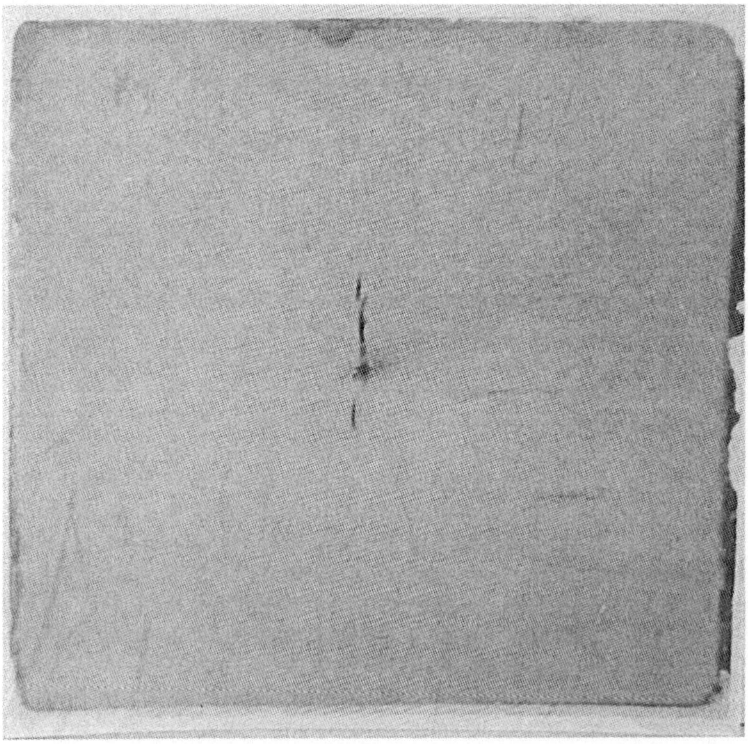

图 8-49　热酸蚀检验的大方坯中心裂纹、中间裂纹和角部裂纹

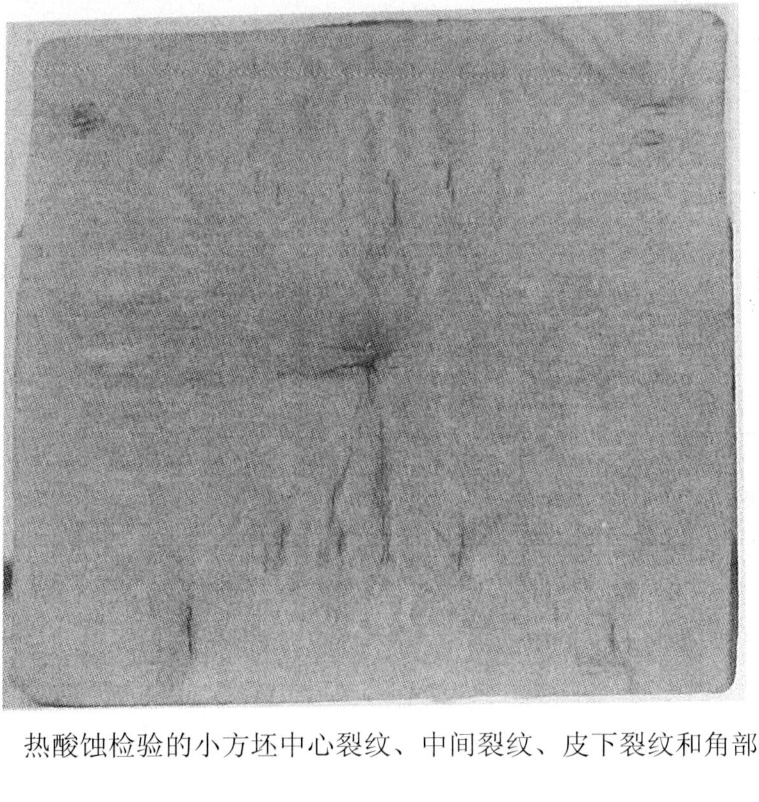

图 8-50　热酸蚀检验的小方坯中心裂纹、中间裂纹、皮下裂纹和角部裂纹

图 8-51　硫印检验的大方坯中心裂纹

图 8-52　硫印检验的大方坯中心裂纹和中心疏松

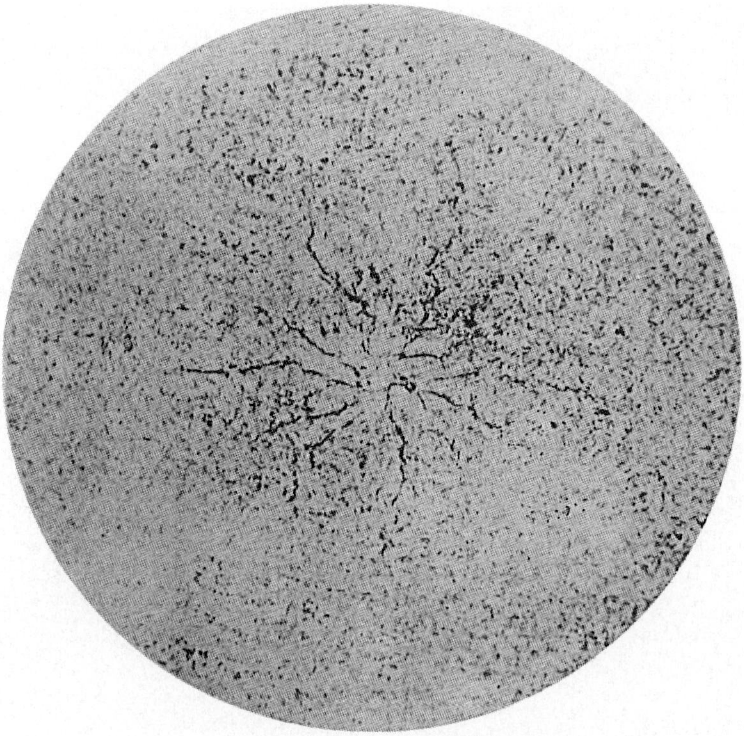

图 8-53　热酸蚀检验的圆坯中心裂纹

图 8-54　硫印检验的大方坯中心裂纹

图 8-55　中心裂纹 I

图 8-56　中心裂纹 II

图 8-57　中心裂纹Ⅲ

图 8-58　中心裂纹Ⅳ

8.8 夹杂物（图 8-59～图 8-64）

图 8-59　硫印检验的分布在铸坯中心位置的夹杂物 I

图 8-60　硫印检验的分布在中心位置的夹杂物 II

图 8-61　硫印检验的圆坯夹杂物和中心缩孔

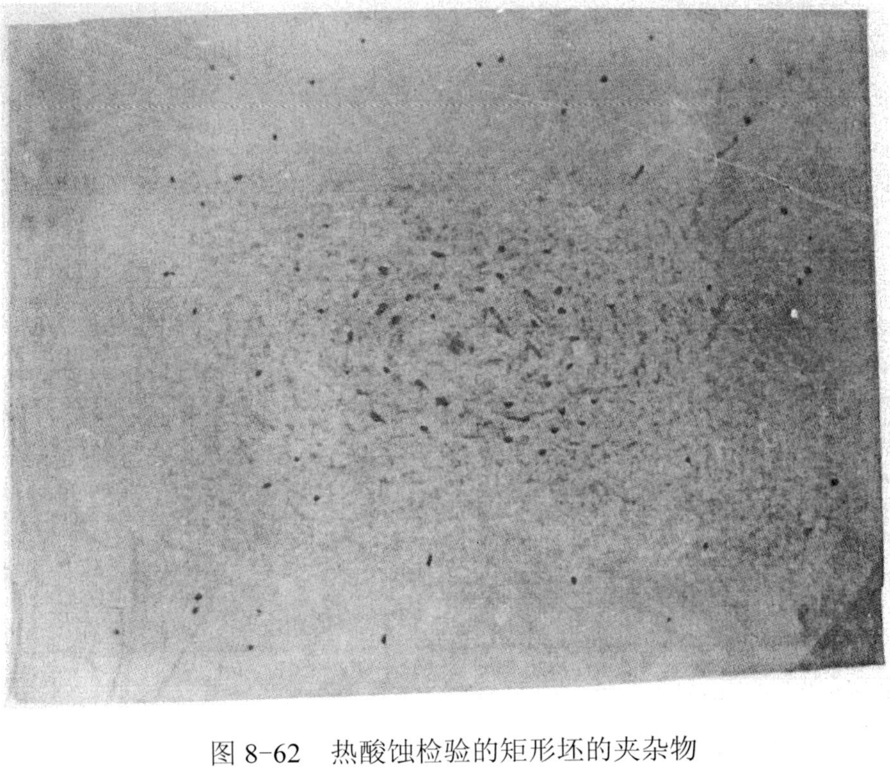

图 8-62　热酸蚀检验的矩形坯的夹杂物

图 8-63　硫印检验的圆坯中心夹杂和中心疏松

图 8-64　硫印检验的圆坯夹杂物和中间裂纹

8.9 气泡（图 8-65～图 8-68）

图 8-65　皮下气泡 I

图 8-66　皮下气泡 II

图 8-67　皮下气泡Ⅲ

图 8-68　皮下气泡Ⅳ

8.10 其他（图 8-69～图 8-84）

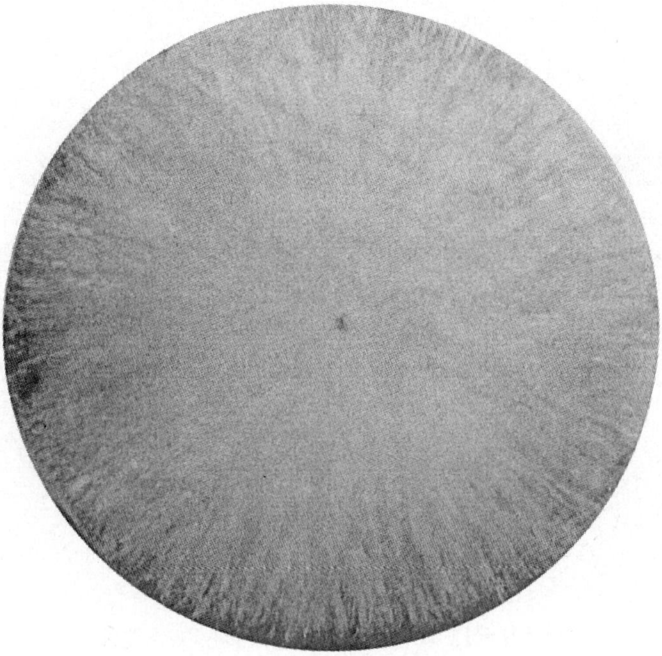

图 8-69　热酸蚀检验圆坯穿晶

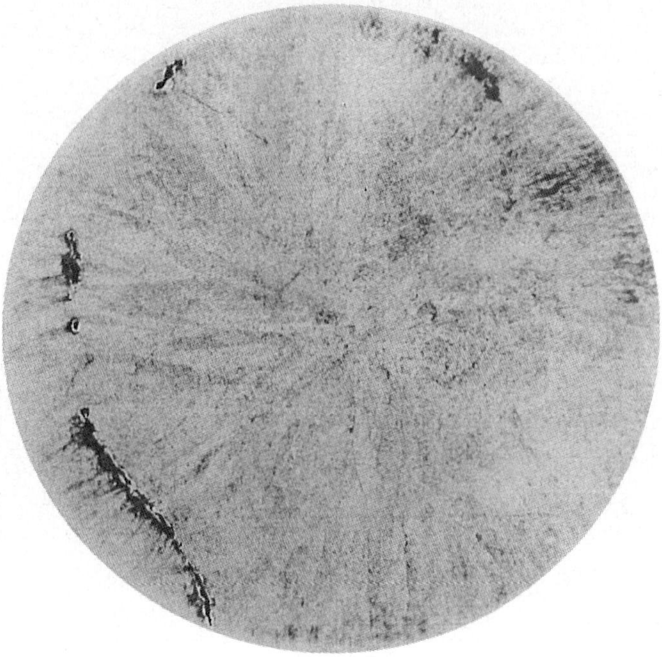

图 8-70　热酸蚀检验的圆坯严重翻皮

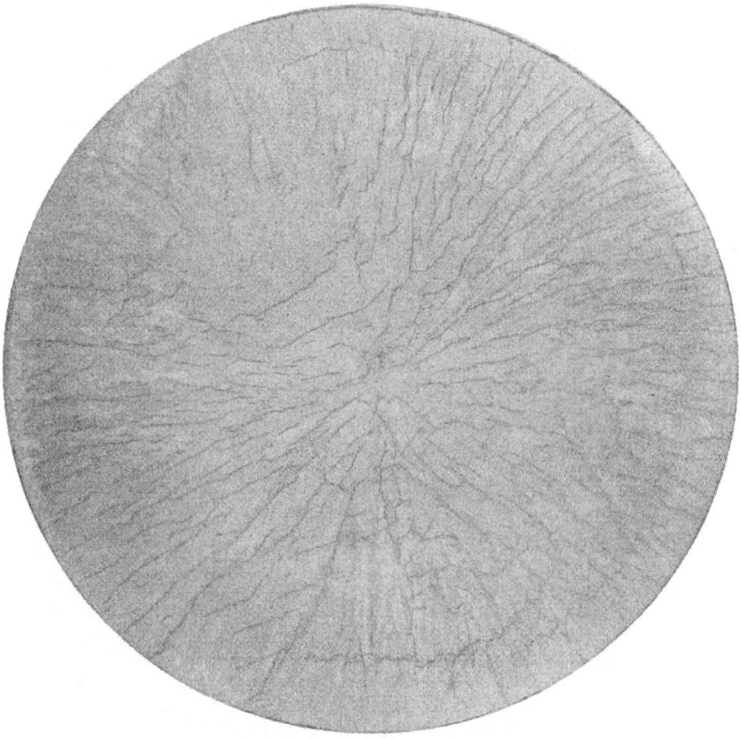

图 8-71　热酸蚀检验的圆坯急冷裂纹

图 8-72　热酸蚀检验的矩形坯上的白点

图 8-73　热酸蚀检验的圆坯上的白点

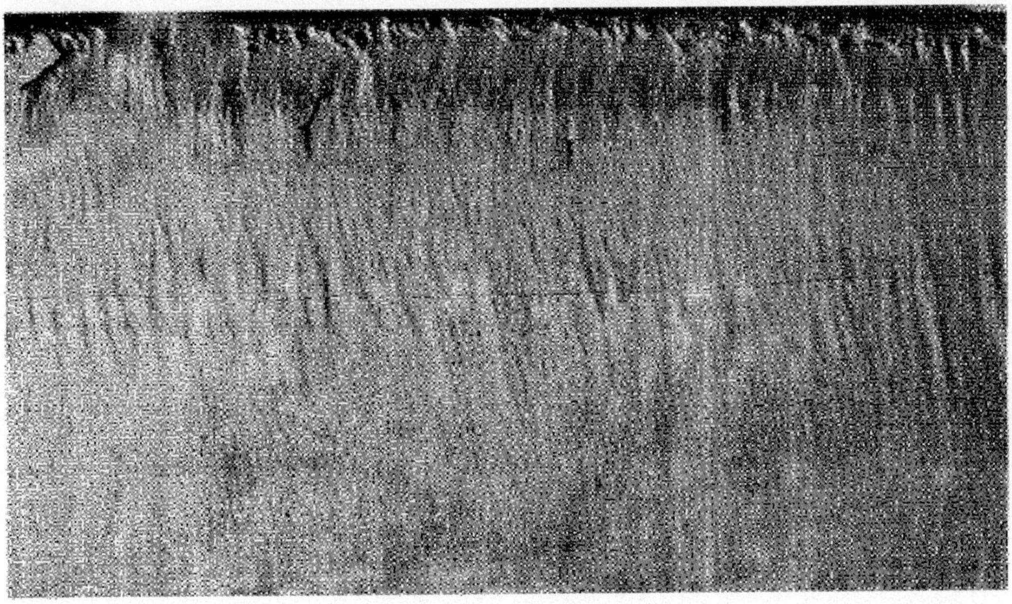

图 8-74　65Mn 钢板坯火焰切割裂纹（沿钢坯薄弱处中心偏析线产生裂纹）

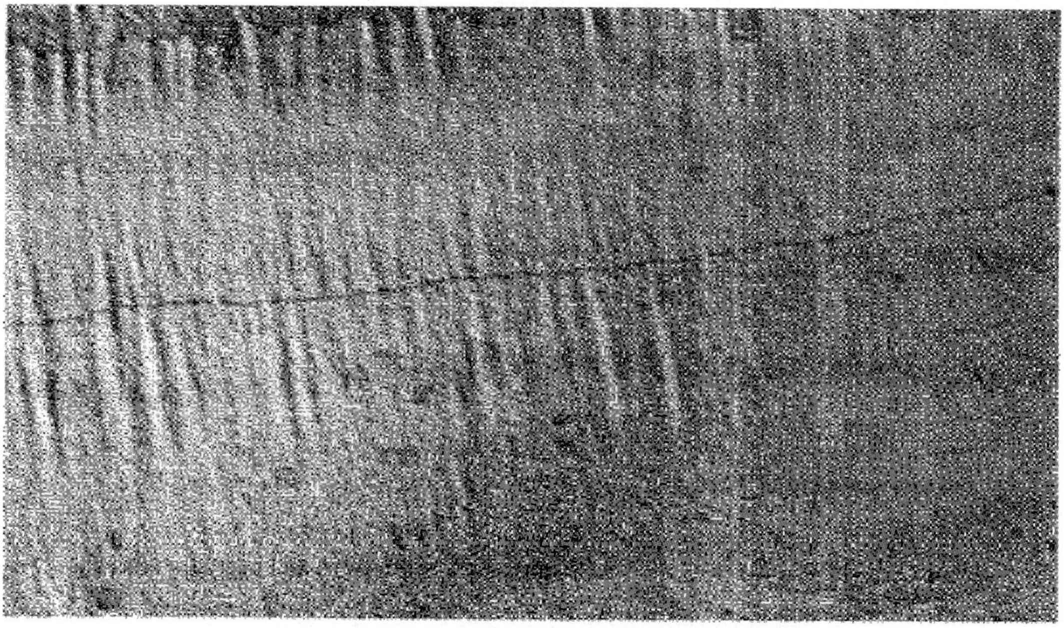

图 8-75　65Mn 钢板坯火焰切割裂纹（右半部裂纹偏离中心偏析线向上倾斜）

图 8-76　切割裂纹

图 8-77　白亮带

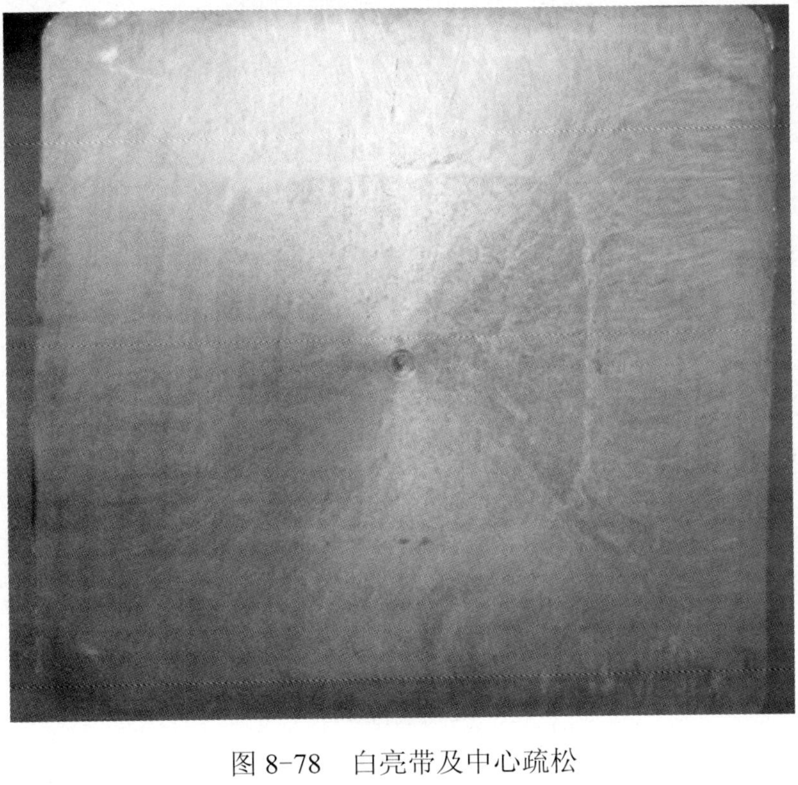

图 8-78　白亮带及中心疏松

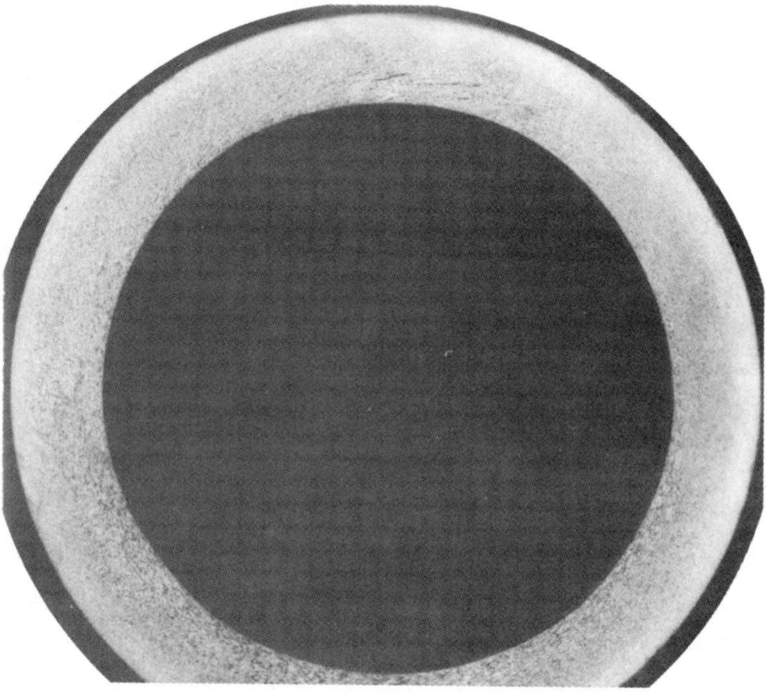

图 8-79　分层

图 8-80　洁净度 1 级

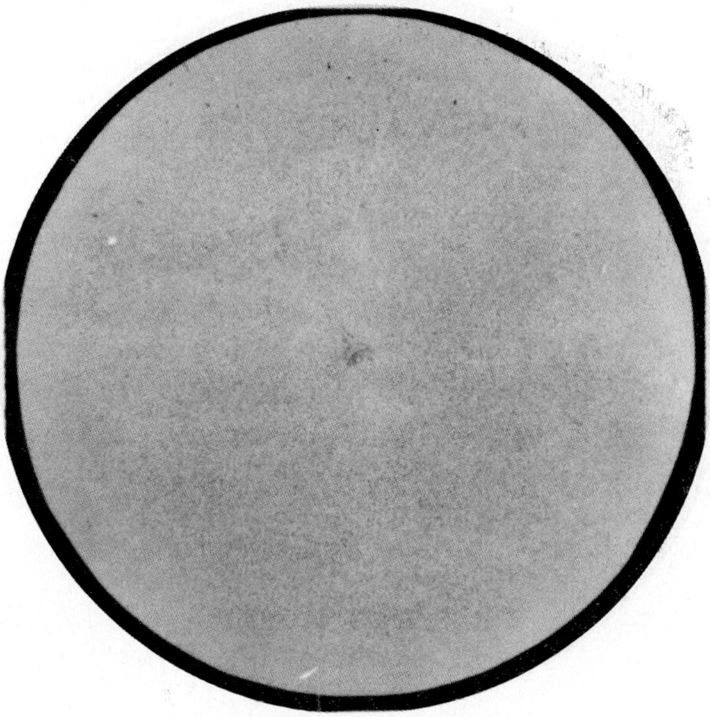

图 8-81　洁净度 2 级

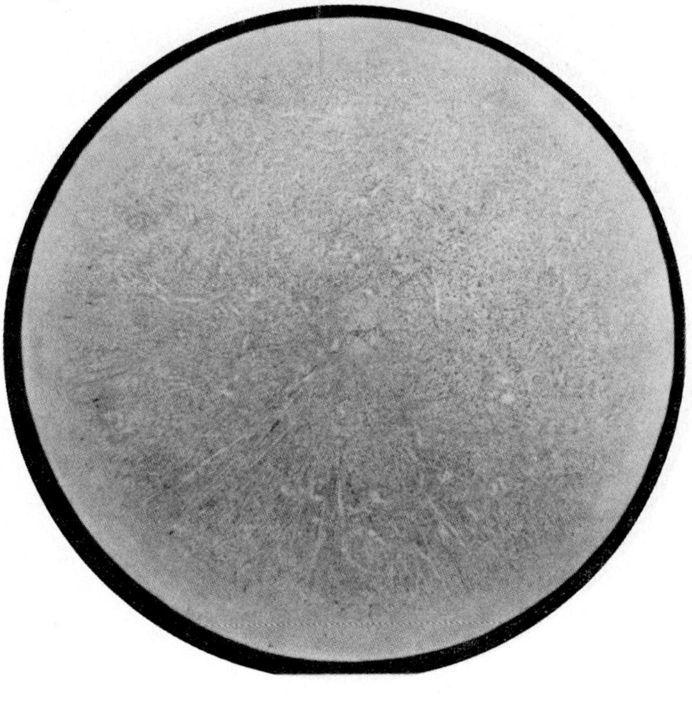

图 8-82　洁净度 3 级

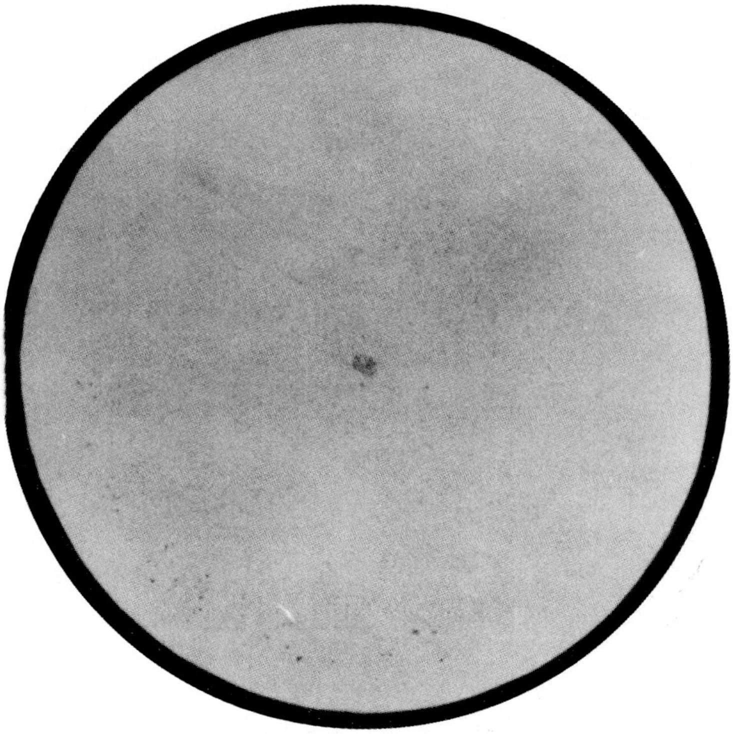

图 8-83　洁净度 4 级

图 8-84　洁净度 5 级

8.11 低倍组织（图 8-85～图 8-92）

图 8-85　粗大晶粒组织

图 8-86　板坯结晶组织 I

图 8-87　板坯结晶组织 II

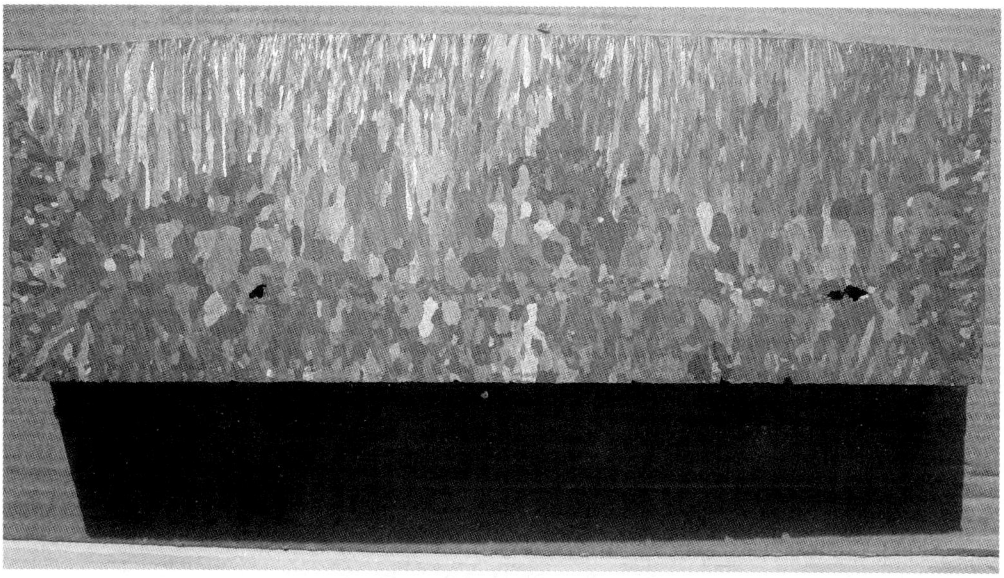

图 8-88　板坯结晶组织III

图 8-89　20 号钢方坯结晶组织（等轴晶率 30.67%）

图 8-90　20Cr 钢大方坯结晶组织（等轴晶率 31.33%）

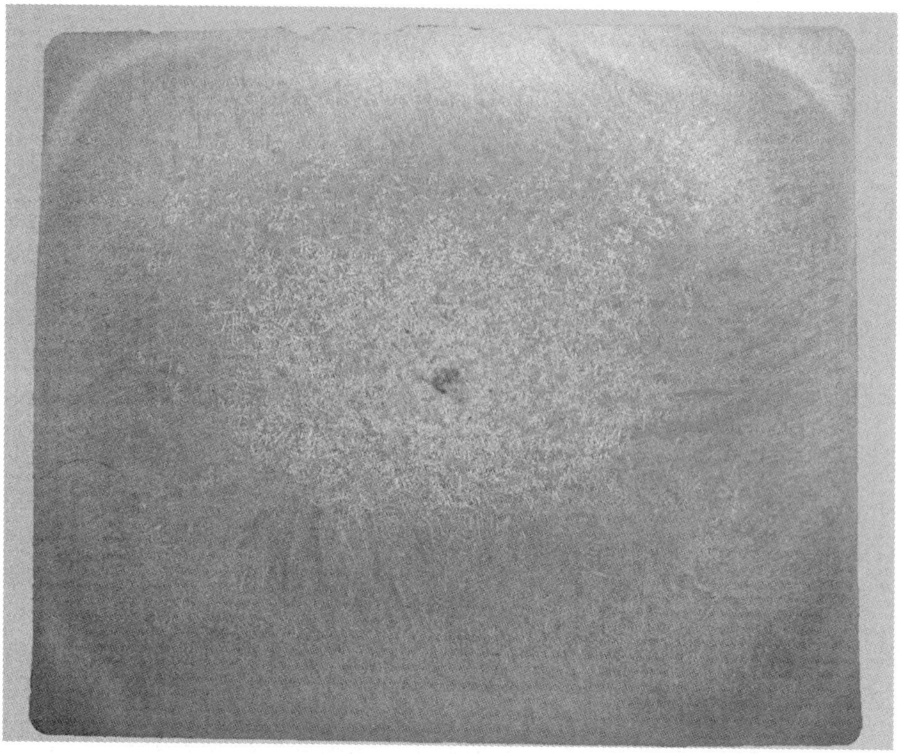

图 8-91　45 号钢大方坯结晶组织

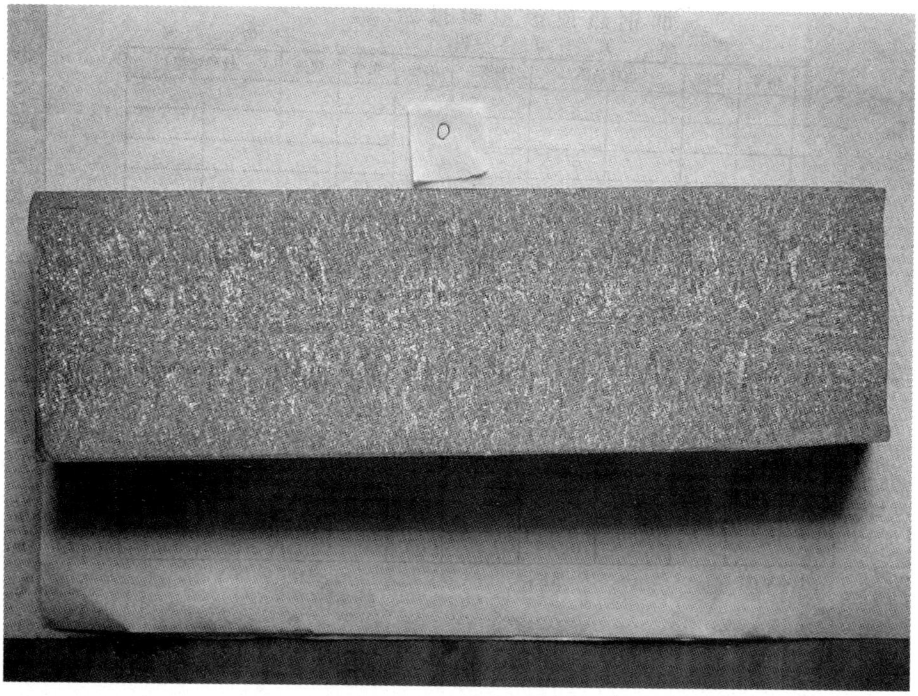

图 8-92　板坯低倍组织